hair 장

장철환 글 · 그림

강갑연 · 김혜경 · 이연호 감수

장철환

부산태생
1981년 만화가 이소풍선생님 문하생 입문
1986년 군제대후 박봉성 선생님화실에서 10년근무
작품활동
한국청소년 신문3년연재
한국어린이 신문네컷 만화연재
kt 부산지부 노조만화
샛빛출판사 만화쉽게 따라그리기
대한미용사회중앙회 홈페이지 만화연재
미용회보 만화연재
부산사하 타임즈신문 카툰 연재
수상경력
1993년 1회신한은행 신인만화전 입상
2003 대한미용미술 헤어스케치대회 최우수(금상)
E-mail : 6261@korea.com

감수위원

강갑연 : 정화예술대학 미용예술학부 교수
김혜경 : 동주대학 미용계열 교수
이연호 : 북인천정보산업고등학교 미용예술과 교사

hair 장

추천사

아름다움에 대한 문제는 인간의 영원한 관심사입니다.

미용의 기초는 삶을 가꾸고 몸을 아름답게 꾸미는 것에서 출발합니다. 아름다움에 대한 감각이 바로 우리의 삶과 우리의 몸에서부터 비롯되기 때문입니다. 예로부터 인간은 아름다움을 표현하기 위해 부단히 노력해 왔습니다. 경제 발전에 따른 삶의 질 향상과 더불어 미용계도 눈부신 발전을 거듭하여 이제는 체계적인 학문으로 뿌리를 내리게 되었습니다.

해마다 전국에서 수많은 미용학과 학생들이 배출되고 있고, 이제는 세계적인 헤어 콘테스트에서 한국 국가대표팀이 우수한 성적을 거두는 등 우리 미용은 세계적으로 인정받고 있습니다.

미용인의 위상 또한 부가가치가 높은 전문 기능인의 지위를 확보함으로써 각광받는 직업이 되었습니다. 이런 추세에 맞추어 미용과 관련된 전문 서적도 많이 출판되었지만, 미용의 기초가 부족한 초보자들이 학습하기에는 적합하지 않았습니다.

어떤 일이든 기초가 튼튼해야 하듯이 헤어 미용에 있어서도 마찬가지입니다. 현장 실무에 꼭 필요한 미용 이론을 만화로 풀이한 이 책의 아이디어가 신선했습니다. 만화의 장점은 무엇보다 흥미를 불러일으킬 수 있고, 만화와 글이 동시에 있어 이해하기가 다른 서적보다 훨씬 쉽다는 것입니다. 미용을 처음 시작하는 미용학도들에게 좋은 지침서가 될 것으로 믿습니다.

끝으로 많은 미용인들이 함께 보고 배울 미용 만화를 과감히 출판한 광문각출판사의 용기 있는 시도에도 박수를 보내고 싶습니다.

(사) 대한미용사회중앙회 회장 최영희

푹
사각
사각
짜잔
안녕하세요!
헤어디자이너
- Hair짱 -(장)
이라고 합니다.
휘리릭
이렇게 만나뵙게 되어
영광입니다.
하하하.

그리고...
에...
흐읍~
너도
나와서
인사 드려
야지..
....
이게....
안나와
RRRRRRR.....
흡쓰!! 한 번 해보자는 거야
시방....
끙~~~~
진짜 나를
힘쓰게 할래?
척
얍!!!
깽

이녀석은
저의 애완견
털털이라고...
억!!
우지직
우~~이~~씨
코... 코피잖아.
이녀석을
그냥
콱
...???
낑낑

뭐야.. 어느 곳이 머린지 모르겠네...
꼭...대걸레처럼 생겨가지곤 겁도많고 부끄럼도 많냐.... 머리를 묶어 줘야겠군...
흠... 묶으니깐 앞뒤가 구분 되네..
시작부터 소란을 피워서 죄송합니다. 여러분!! 하하하.......
제가 오늘 여기에 나온 것을 잠시나마 간략하게 말씀 드리겠습니다.

하루가 다르게 변화무쌍한 현대사회에서 미용인들이 저마다 많은 노력을 기울여...
새로운 기술을 연구발전 시키고....
있지만... 한편으로는
변화를 거부하는 게으른 미용사들도 많은 게 사실입니다....
미용실
잠보
HAIR SHOOP
원장님! 문열어요.
이집은 문여는 날보다 닫는 날이 더 많아
변화는 커녕 가지고 있는 기술마저 타성에 젖어
싹둑
맨날 깎는 머리 눈감고도... 잘합니다..
싹둑
조금씩 줄고 있을지도 모르지요..
타성 헤어숍
악!!
소...손을 베었다
내.. 그럴줄 알았다니깐....

그래서...
적은 지식이나마
미용사들과 함께
공유하고자 이렇게
나왔습니다..
기초지식??
그게
뭔데요??
기초지식이....
에... 그러니깐...
두루....뭐냐면...
그렇게 묻는 당신은
누구얏?
나..
말이오?
전국 미용인을
대표하는 사람
인데요..
아~~하~~하~~하
그~렇~습~니~까
헤헤..

기초지식
이란...
그러니깐
에...또
자..
여기를
보시면...
꾸욱~~
이렇게 나무를
세웠습니다.
하지만
이 나무는
뿌리가 없기
때문에 얼마
가지 않아서...
넘어질게
뻔합니다..
그리고 바람만
조금 불어도
훅~
!!!!
딱
으..암튼
탄탄하지
못하다
이거죠...

이렇게 된김에
문자 하나쓰겠습니다...
옛 글에...
근심지영(根深枝榮)이란
글이 있습니다!!!
즉..뿌리가 많이
내려서 흔들림이
없고 견고함을
말하는
것이지요......
당연한
말씀!!!
모든 기술에서 그렇지만 특히 미용에서는
이론과 실기가 일치하지
않으면 제대로된 실력발휘가
힘들다는 것.....
아실겁니다.
다칠라!!!
이 책에서는 미용인의 모든기술을 깊이
다루지는 않지만.... 미용인으로서 꼭~~
알아두어야 할 기초지식들을 다루고
있습니다..
가위나..
잘 다루셔. ^^

모두 배워서 알고 계시겠지만 기억에서 조금씩 멀어진 부분을 다시 한번 확인하고자 합니다.
다지고 또 다지고 자꾸 다지다 보면 어느새 미용지식이 새롭게 성장한 우리 자신을 발견할겁니다.
전국에 있는 많은 미용인들 이론 및 실기능력이 크게 성장하는 그날까지.... 노력을 아끼지 맙시다.
그 첫 번째 강의 시작합니다.
참고로 원활한 진행을 위하여 중간 생략부분도 있으니 여러분의 이해를 구합니다.
콜 콜콜

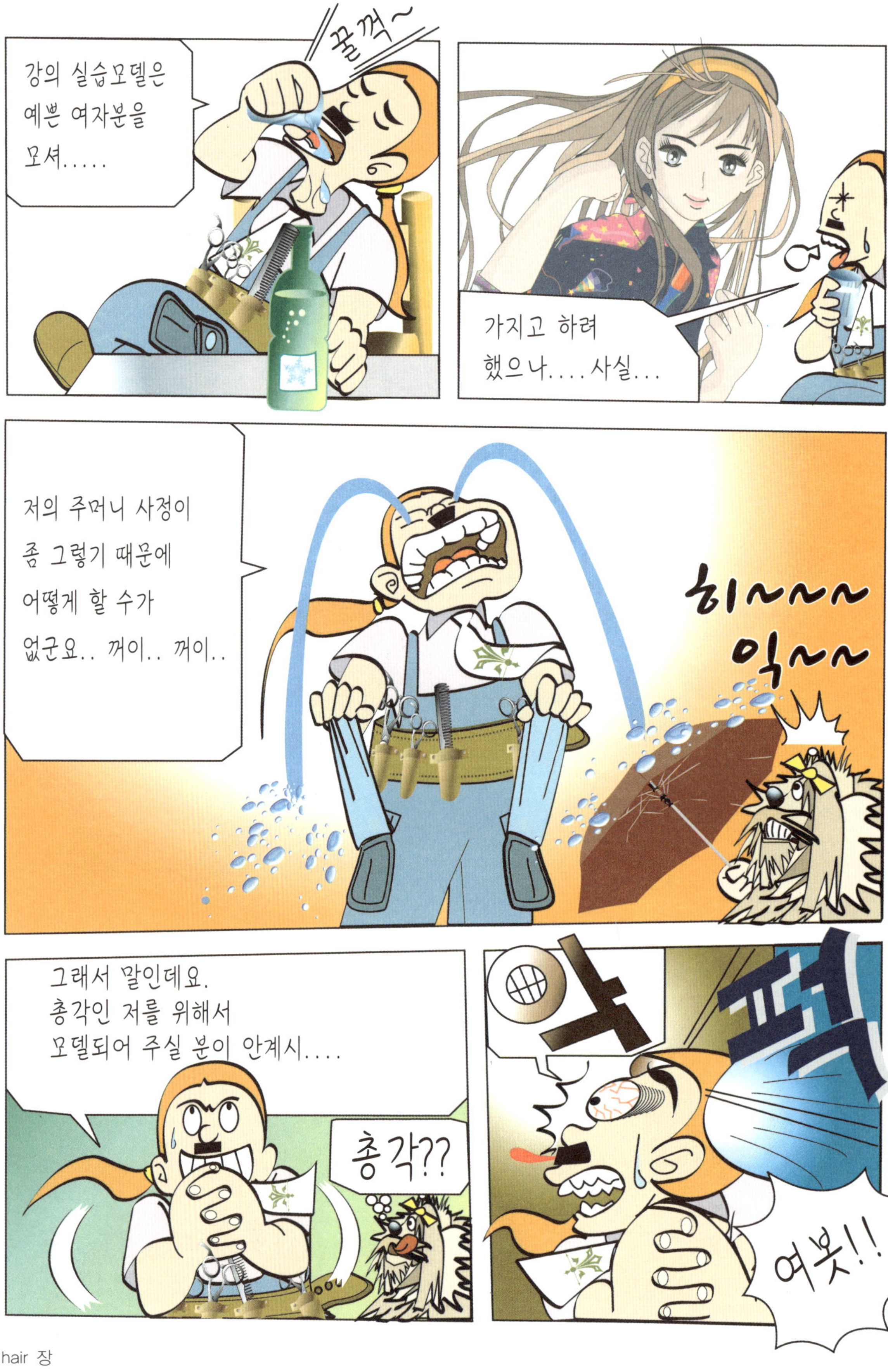
꿀꺽~
강의 실습모델은
예쁜 여자분을
모셔......
가지고 하려
했으나.....사실...
저의 주머니 사정이
좀 그렇기 때문에
어떻게 할 수가
없군요.. 꺼이.. 꺼이..
히~~~
익~~
그래서 말인데요.
총각인 저를 위해서
모델되어 주실 분이 안계시....
총각??
악
퍽
여봇!!

이봐요!!
촤~~악~~
총각이라구?? 했나요? 지금?
아~ 아니.. 그게..
그... 그게 아니고 초... 총각무가 먹고 싶다.. 이거지. 암...
총각 같은소리 하지 말고 내 머리로 실습 해보셔... 헴....

그렇지만... 자기.. 머리 자르는 것 싫어하잖아!!
힝~~또... 깜빡증이 도졌어??
저번 실습 때.. 내머리 다 밀었다는 걸... 벌써 잊었어?나... 까까중 이잖아!!!
음...그렇군.. 미..미안해
그말은 이 책을 읽는 독자분께 해야지!!
헤헤~~죄송~죄송 그럼 진짜루... 시작하겠습니다...
제1장 헤어컷 디자인
우선 헤어컷을 하기 전에 기본자세 부터 알아볼까요..
발을 어깨넓이로.. 벌리고 좌측 발을 약간 앞으로 빼면서 상체는 뒤로 제치거나 앞으로 심하게 굽히지.. 않습니다...

어깨선은 슬라이스 선과
평행을 유지하고..
눈의 위치는 가위의.....
커팅 에지(cutting edge)
부분을 직시합니다...
가이드
가위의...
가이드는
왼쪽 손가락
으로..이끌어
나가고.
눈과 가위의 거리는 30cm~40cm
로 유지합니다......
30cm~40cm
자세가..
불안정하게
되면 미관상에도
좋지않고..
건강에도...
지장을 주겠지요..
이번엔
모발 성분을..
분석해봅시다..
모발은 케라틴
이라는
단백질로
이루어져
있으며...
우리가
"캡틴"
이래~~ 히히
바보야!!
캡틴이 아니고
케라틴..
이라잖아...
모발

머리카락에...
들어있는 멜라닌색소는 인종에 따라
다르게...
나타납니다..
백인
흑인
황인
모발의 수는 개인차에
따라 다르지만
평균 10만~16만 가닥으로
이루어졌습니다...
흐~~~미
내 머리카락이
십만대군이라구?
엄청난 병력이네..
끌~끌
나한테 비하면
새발에 피라고
할 수 있겠군..
커트를 할 때
젖은 모발과
마른 모발을
비교해보면...
젖은모발
가윗날이
손상되지
않으며
모발이
흩어지지
않는다..
마른모발
가윗날이
손상...
될 수 있고
밀리어
작업 방해가
된다..

커트는 보통
가위(scissors)로
하는 것과....
레이저(razor)
로 하는 것으로
나뉘는데....
좋은 점과 좋지 않은 점을
둘 다 가지고 있습니다...
내가~~
더좋아!!
어쭈구리~
웃기고
있네...
전자
현미경으로
확대해서
보았을 때
가위로 자른
모습입니다..
톱으로...
자른 것처럼
직각이죠..
진짜루~~
한번 붙어볼래!!
에잇!!!
얍!!!!!
다음...끙~
이건 레이저로
자른 것인데..
낫으로..
자른 것처럼
끝이
뾰족합니다..
어디 끝까지
한번..
해보자....
이얍~~
"콰"
듣던중..
반가운
소리야..
너..쯤은..
에이잇~~

커트할 때 쓰는
기본용어...
몇 가지 알고
넘어가야
하겠죠..
~~파라락~~
미용
용어
책을 보면서...
강의하는 건
나도 하겠네...끌~~
셰이핑(shaping)
커트 완성도는....
모류(모발 뿌리가 형성되어
자라는 방향)에 많이
좌우되므로 빗질을
셰이핑(shaping)을
잘해야 합니다..
오우~~
역시 미용사
빗질 솜씨..
예술이야
슬라이스(slice)
커트를...
하기 위해
적당한 폭으로
얇게 떠내는
모발을 말하며
너무 얇거나
두꺼우면
라인을...
잘잡지 못해
디자인 구성이
어렵습니다.
"OH~~
NO..NO..NO"

가이드 라인(guide line)

헤어스타일을 정하여
최초로 잘려진 모발을 말하며
가이드 라인을 무시한 채
스타일을 완성했을 때...
정해진 형태가 아닌
엉뚱한 결과를 초래할 수
있습니다..

텍스처(texture)

머리의 형태, 모질, 모류 등을
진단하여 구성하는 것을
말합니다....

텐션(tension)

모발을 당기는...
힘을 뜻하며..
화학제나 펌제 수분을
머금은 채 잡아당기면
길이가 늘어나므로
적당하게 당깁니다....

앵글(angle)

각도는 커트를 완성 했을 때 보이는
그 결과가 엄청납니다.. 가위의 각도
손가락의 각도, 빗의 각도...
그리고 디자이너의 각도...
정확한 각도는 좋은 작품을
만들어냅니다...

드라이 커팅 (dry cutting)

건조한 상태로...
커트 하는 것...

웨트 커팅 (wet cutting)

젖은 상태로..
커트 하는 것...

블로킹(blocking)

머리를..
다루기 쉽도록
다발로...
나누는 것..

클리핑(clipping)
튀어나온... 불필요한 머리카락을... 제거하는 것...
손님 이것... 클리핑 하겠습니다..
아~~야야!! 그~건 귀걸이 예요...
이~상으로 컷 기본 용어를 마치겠습니다..
미용 용어
자기!! 이제 다 끝났으면 내게도 신경 좀 써주시지....
아~ 참~~
미용 용어
그렇지... 않아도 이제부터 자기 도움 받을 차례야..
"얍"
윽~

머리 부분 명칭이
필요하니깐...
잠시 실례...
머리 두상
진짜 예쁘당.
“멍”

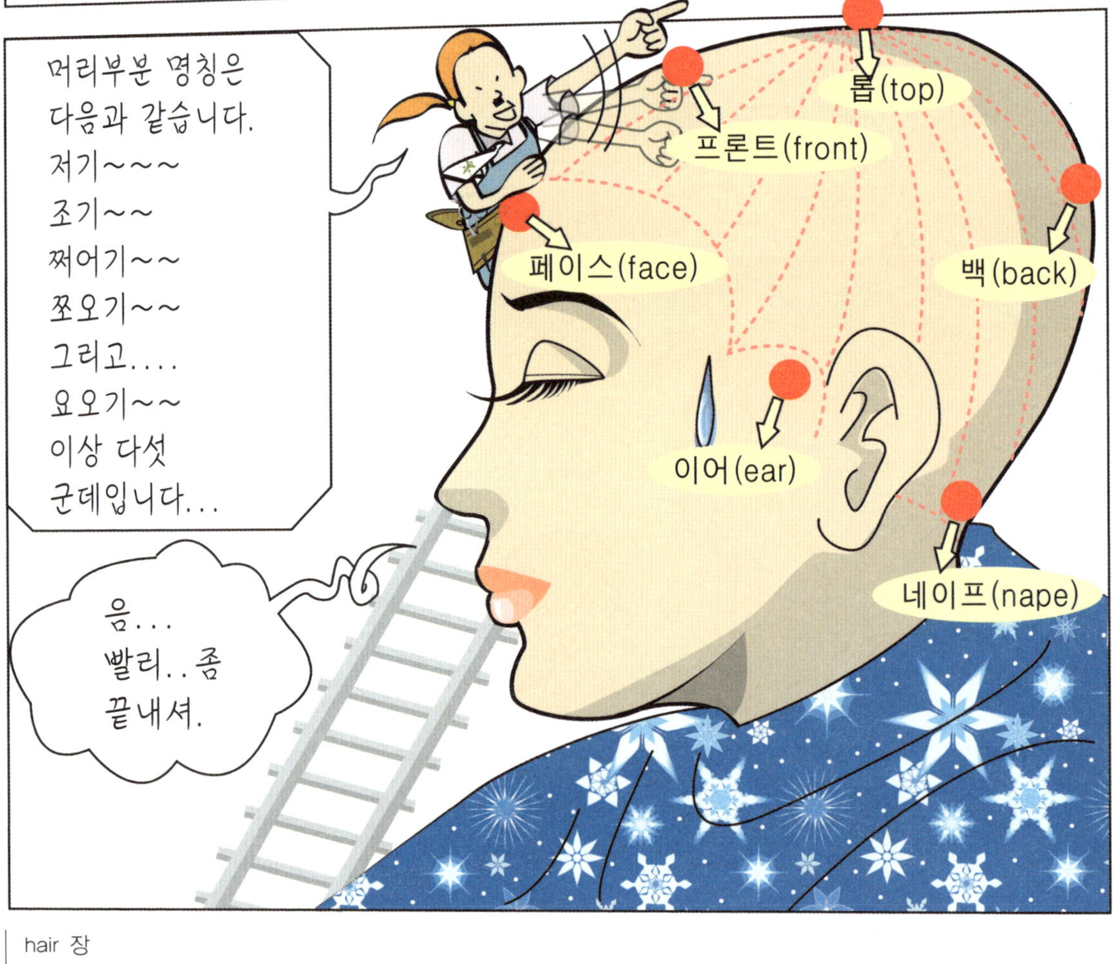
머리부분 명칭은
다음과 같습니다.
저기~~~
조기~~
쩌어기~~
쪼오기~~
그리고....
요오기~~
이상 다섯
군데입니다...
톱(top)
프론트(front)
페이스(face)
백(back)
이어(ear)
네이프(nape)
음...
빨리..좀
끝내셔.

다음은
커트 테크닉
할 때 가위와
빗을 쥐는 법
입니다...
① 빗과 가위를 동시에
쥐었을 때
② 가위로 컷하기 전에 잡는 법...
③ 슬라이스 컷, 슬라이드 컷
스트록컷 등 기술을 쓸 때 잡는 법...
웨이빙 컷(weaving cut)
: 길이의 2분의 1을
컷하는 것으로 모발의
손상이 보이지 않게
부위별로 손상모를
제거할 때를
말한다.
손상모가 좀
심합니다.
그렇다고 이렇게
많이 자르면
어떻게해요...

캐스팅 컷 (castling cut)

앞머리 부위의 머리숱을 줄이는 형태로 손가락 안으로 모발을 잡아 바깥쪽으로 뒤집어 가위를 위에서 내리 찍듯이 자른다....

세라팅 컷(serrating cut)

머리끝 부분을 톱니모양처럼 하는 것으로.. 작업한 부분이 자연스레 연출된다.
손가락을 끼워서 부채꼴로 만들어 작업할 수도 있다..

스쿠프 컷(scoop cut)

가위날을 머리다발 뿌리 쪽에서 끝부분을 향하여 훑어내는 것처럼 하는 컷....

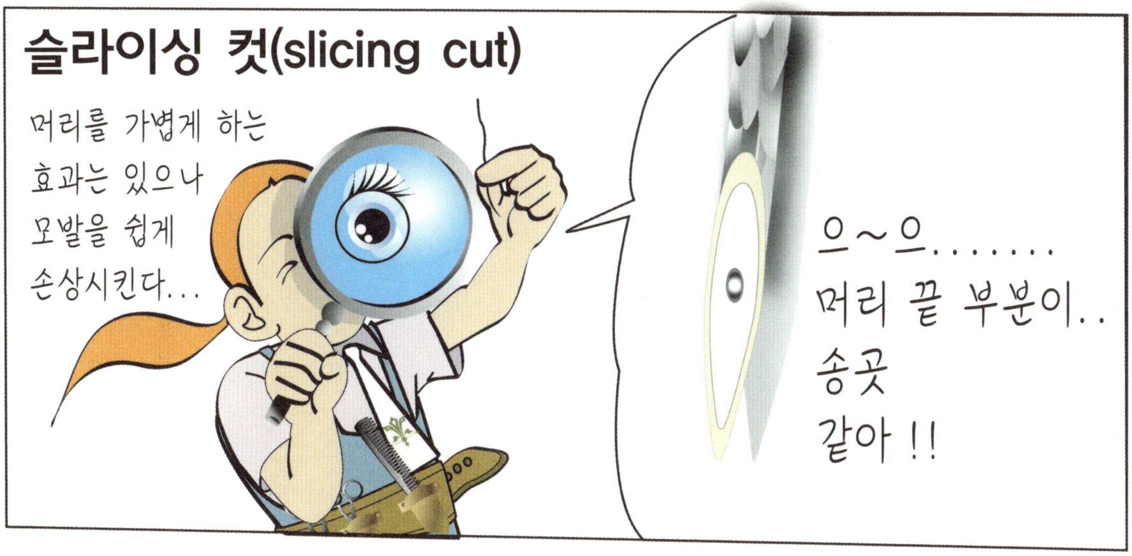
슬라이싱 컷(slicing cut)
머리를 가볍게 하는
효과는 있으나
모발을 쉽게
손상시킨다...
으~으.......
머리 끝 부분이..
송곳
같아 !!

틴닝 컷(thinning cut)
일명...
톱가위
라고도
하지요...
에구머니나....
무서워....

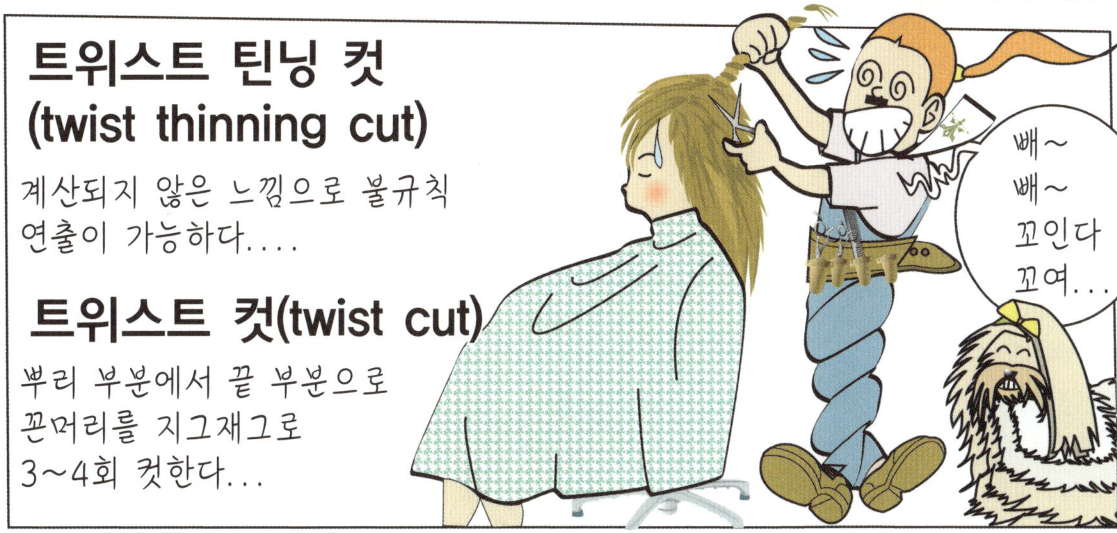
트위스트 틴닝 컷
(twist thinning cut)
계산되지 않은 느낌으로 불규칙
연출이 가능하다....
트위스트 컷(twist cut)
뿌리 부분에서 끝 부분으로
끈머리를 지그재그로
3~4회 컷한다...
빼~
빼~
꼬인다
꼬여...

트위스트 슬라이드컷(twist slide cut)
꼰 머리카락을 가위로 미끄러지듯이 밀어 내린다.. 주로 긴머리카락에 많이 사용되며 머리를 붓끝처럼 연출한다..

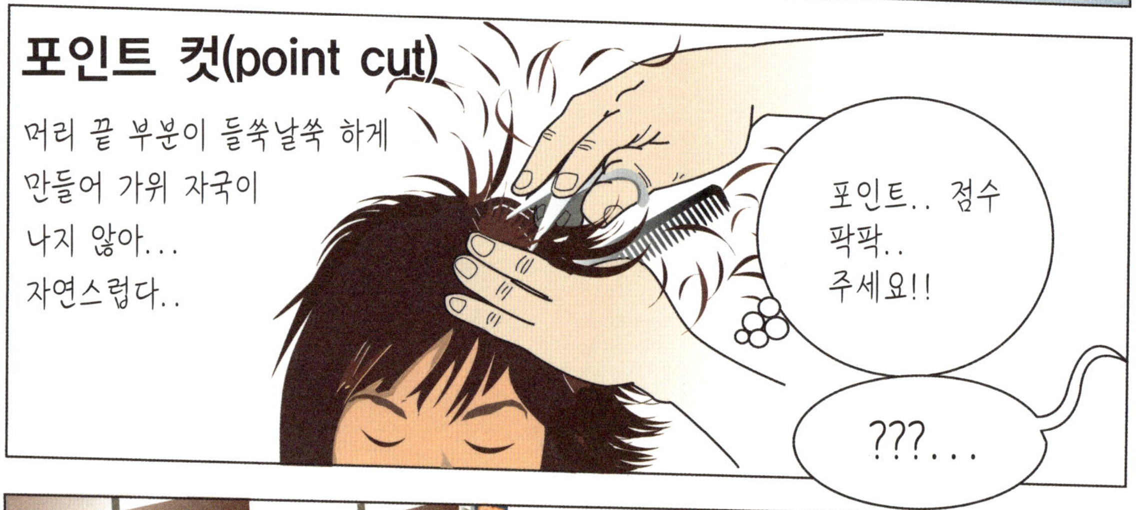
포인트 컷(point cut)
머리 끝 부분이 들쑥날쑥 하게 만들어 가위 자국이 나지 않아... 자연스럽다..
포인트.. 점수 팍팍.. 주세요!!
???...

스트록 컷(stroke cut)
주로 긴머리에 사용되며 두피 부위에 상관없이 머리카락을 제치듯이.. 가위 끝부분으로 쳐낸다.
앨리스 미용실
죄송합니다. 짧은 머리는 스트록컷 안 됩니다....
흥~~ 왜 짧은머리는 안 되는거야.. "하면 된다" ..몰라..

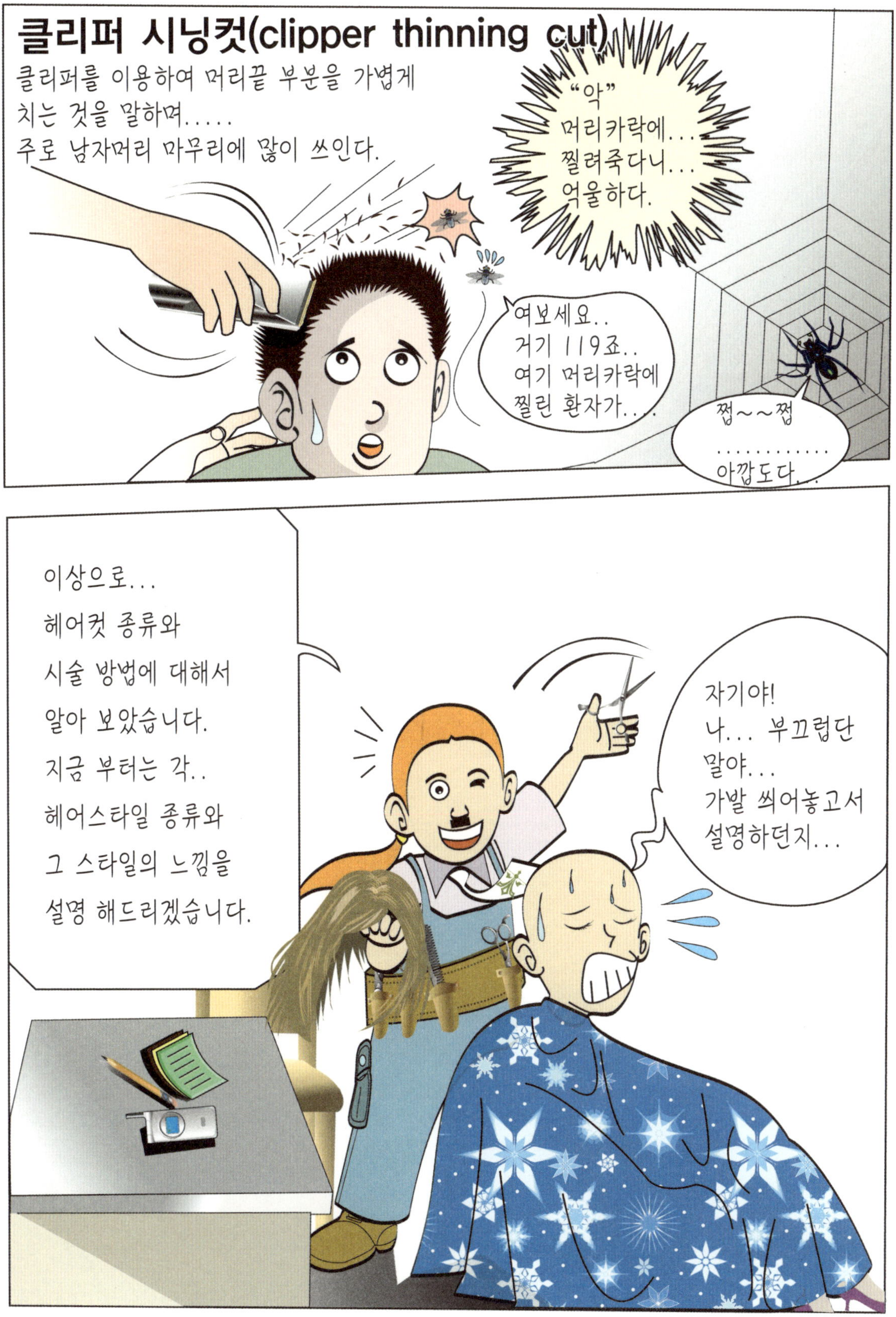
클리퍼 시닝컷(clipper thinning cut)
클리퍼를 이용하여 머리끝 부분을 가볍게 치는 것을 말하며..... 주로 남자머리 마무리에 많이 쓰인다.
"악" 머리카락에... 찔려죽다니... 억울하다.
여보세요.. 거기 119죠.. 여기 머리카락에 찔린 환자가....
쩝~~쩝 .... 아깝도다...
이상으로... 헤어컷 종류와 시술 방법에 대해서 알아 보았습니다. 지금 부터는 각.. 헤어스타일 종류와 그 스타일의 느낌을 설명 해드리겠습니다.
자기야! 나... 부끄럽단 말야... 가발 씌어놓고서 설명하던지...

이크~~자기 화났어 미안해... 자꾸 괴롭혀서...
강의 끝내고 우리..... 외식하러... 가자..
흥~~ 오늘은 자기가 밥할 차례인데.. 싫다..이거지..
낄...낄.. 귀신이네...
우선 “원랭스”에 대해 알아 보겠습니다. “원랭스”란... 무엇인고 하니..
혹시? 이런게 아닐까?
자기야~ 냉수 떠왔어~
난~숭늉먹고 싶다고 했는데 웬냉수??

그게 아니고
잘봐!
이거란말야!
원랭스 컷(one length cut)
단차가 없는 컷으로 활동영역이 넓은
여성이 좋아하는 스타일이며, 즉 커리어우먼 등
전문직장 여성들에게 인기가 많다....
활동영역이
좁은...
나하고는
상관이 없네...
긍정적 측면에서
보면 지적으로
보이고....
활동적, 발랄
하면서....
신선미와
청결소박
하면서....
유아스럽다.
부정적
측면에서
보면
냉정하게
보이며 이기적
기회주의적
그리고
강한 인상..
쿨한...
느낌이 와
닿는다...
하지만 관리가
용이하며....
머리손질이 쉽다....
컷 방법은...
선 하나로 모두
연결시켜 층을
내지 않는다..
안쪽면과
바깥쪽면을
같은 길이로
한다.
싹둑~
싹둑~

같은 길이로 자른다고
쉬울 것 같지만 결코
그렇지 않습니다.
왜냐면....
자기야!
왜..
한쪽이
이만큼...
더 길어????
작은 실수로
한쪽이
더 길 수도
있기 때문에...
흔히 하는
이런
변명도
있지요..
응~~이거??
언밸런스 스타일
이야...
엠.블.란.스..??
삐~뽀
삐~뽀
우왕!!
싫어!!
난..
원랭스...
원랭스...
할거야...
휘청~
투다닥~
으~~윽
아..알았어..
알았다구...

사실... 자기는
그래듀에이션이
참 잘어울릴것 같아..
..그..래....듀....에..이
션......그게 뭔데??
변명치고는 너무
어색해.... 멍~

그래듀에이션(graduation)
남자나 여자나 누구에게도 많이 적용되며 손가락
각도를 두피에서 많이주면 단차가 크게 되어
레이어(layer)에 가깝고 작아지면 그래듀에이션이며
각도가 없으면 원렝그스(one length)가 되는 것이다.
어때?
해볼 맘
있는겨??
까짓 것..
망치면 가발만
바꾸면 되니깐...
한번해봐...
저....
기....
요...??
탁~
탁~
탁~
으드득~

참고로....
그래듀에이션은
짧은 머리에
많이 응용되며
시각적 입체적
느낌을 줄 수 있습니다.
주의할 점은
두피에서
항상 각도를 45°
이하로
유지해야 합니다...
짧은머리...
나는 "왜"
안 되느냐..구요???
이... 아저씨는?
아까 스트록컷
페이지에서
나왔던 군인
아저씨네....
헤..헤.. 군인 아저씨...
머리 길러서 오시면 잊지 않고
꼬옥~해드리겠습니다. 조금만
참으십시오..헤헤..
난~~군인이라서 머릴
못..기른단 말이요.
자~~~자~~
그래듀에이션
작업 들어갑니다...
악~
내다리~

짠~~~
완성!
자기야...
어때??
핏~
별로..
그렇고...그렇군
뜨끔!!
흠...하하하
내...
그럴줄 알았어..
휘~~이
휘~~이
내가..
자기한테
꼬옥~권해주고
싶은 머리가
레이어..
헤어스타일....
이었다는것....
알랑가
모르겠네..
다~다치겠다...
아..알았으니
레이딘지
레이어인지
어디 한번해봐..
가발도 바꾸어야
되겠지...

레이어(layer)

두피에서 일정한 각도를 유지하면서 머리카락 길이를 같게 하거나 아니면 같은 선상에서 컷을 이어간다. 톱(top)에서 한묶음을 단번에 자른 블런트(blunt) 아래로 내려가면서 점차적으로 윗머리는 짧고 아랫머리는 길어지는 현상이 일어나는데 이것은 출발점 위치가 각각 다르기 때문에 일어나는 현상이다...

1980년대...우리나라
박X 헤어디자이너에
의해 변형된 블런트컷을
보여준 모습은 그당시
신선한 충격으로
와 닿았습니다..
바로 이 모습이죠..
흐~~미
나죽어....
아무도...
하지 않는 것을
도전할 때..
길이 보인다.
싹둑~~
싹둑~~
박 hair

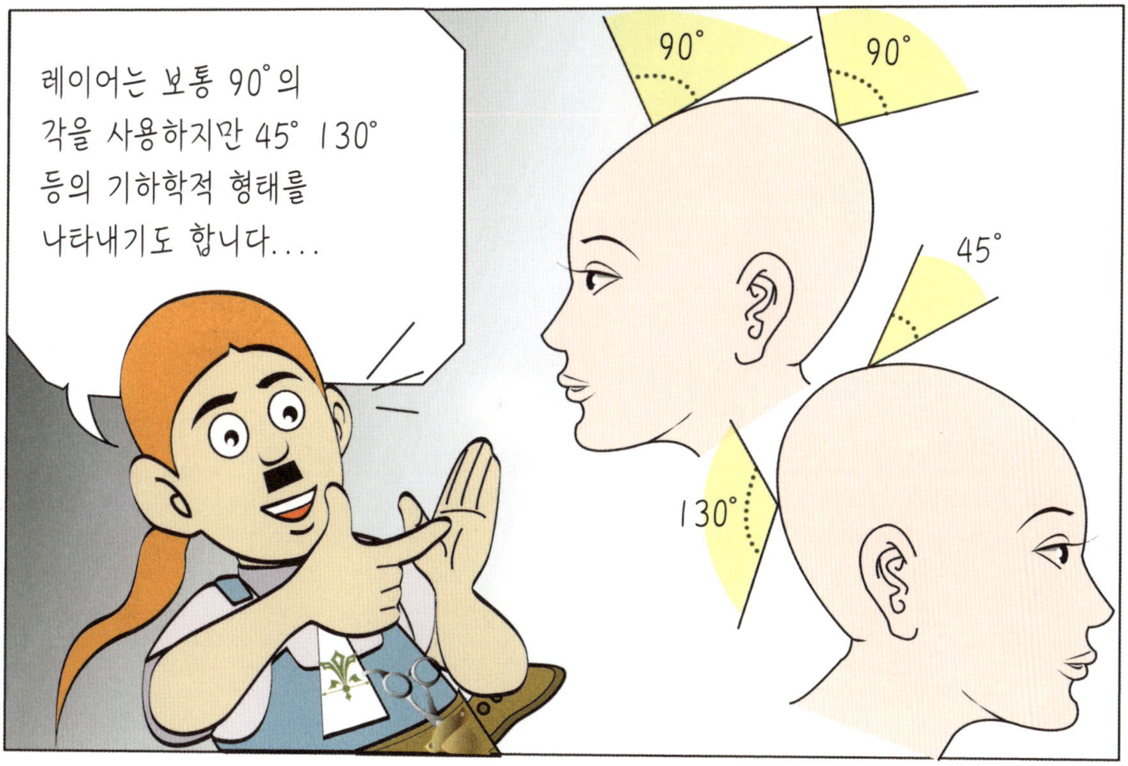

레이어는 보통 90°의
각을 사용하지만 45° 130°
등의 기하학적 형태를
나타내기도 합니다....
90°
90°
45°
130°

레이어..
응용 스타일로
한때 인기를 많이
차지했던..
외국연예인의 머리를
아예 그의 이름 따라
맥가이버 스타일
이라...
부릅니다...
맥가이버 여기
드라이버 있수다...
땡큐...
(맥가이버는 1985년도~1992년까지
인기있는 외화드라마 주인공 이름이다.
그의 주특기는 만능칼 하나만 무엇이든지
할 수가 있다...)

그리고 퍼머넌트 웨이브 블로우드라이로 여성의
멋을 살리는 일명 샤기컷(shaggy cut)이
지금까지도 많이 하고 있으며 이를 "거지컷" 혹은
일본 영향을 받아 "지라시" 라고도 불린다....
거지~컷
완~~성
나~~
불렀수??

역시 자기..
얼굴에
"딱"
맞아..
떨어지네
껄~껄
힝~~
예쁘면 뭘해..
그래봤자..
가발인걸..
뭐..
빼~~
어~허
그렇게 인상
찌푸리면
가발에
가치가
떨어지는데...
뭐예요...
가발이
어쨰...!!!
나~~모델
"안해"
에쿠~
퍽
기껏..창피를 무릎쓰고
모델을 해줬더니 날 무시해...
아~
자~잠깐

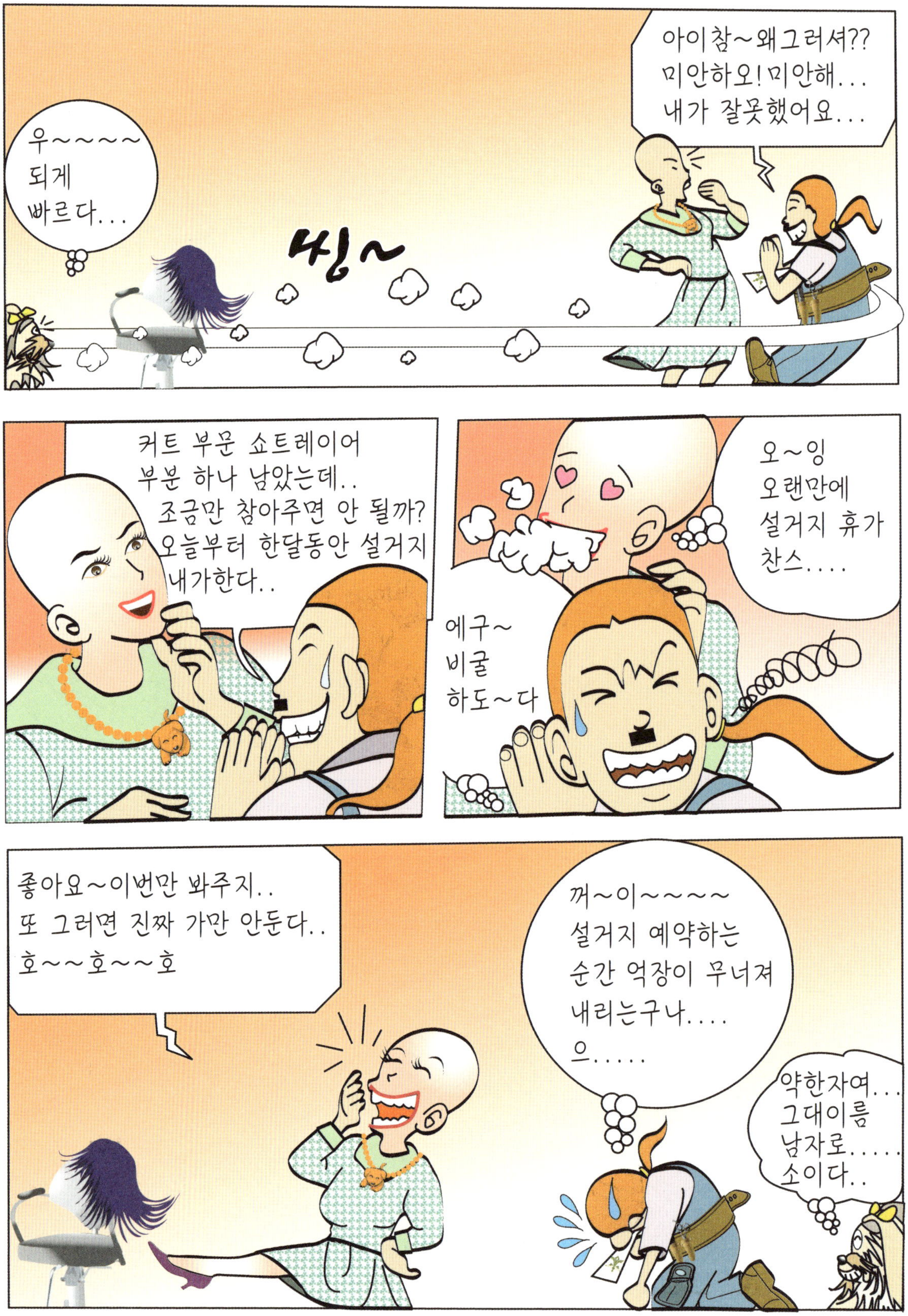
우~~~~
되게
빠르다...
씽~
아이참~왜그러셔??
미안하오! 미안해...
내가 잘못했어요...
커트 부분 쇼트레이어
부분 하나 남았는데..
조금만 참아주면 안 될까?
오늘부터 한달동안 설거지
내가한다..
오~잉
오랜만에
설거지 휴가
찬스....
에구~
비굴
하도~다
좋아요~이번만 봐주지..
또 그러면 진짜 가만 안둔다..
호~~호~~호
꺼~이~~~~
설거지 예약하는
순간 억장이 무너져
내리는구나....
으.....
약한자여...
그대이름
남자로.....
소이다..

쇼트 레이어(short layer)
간결하고 스포티한 느낌을 주고 중년여성이 젊은층보다 더 잘 어울린다. 또한, 여러 가지 기술을 활용하여 색다를 이미지를 부각 시킬 수 있다..
알았으니... 가발이나.. 쓰자구요..
나도... 저렇게 이쁘게 해줘...
쇼트레이어를 자르기 위해서는 먼저 기준점을 정합니다.. 만약 젖은머리라면 건조 후에 올라가는 것을 예상하고 그 기준점을 결정 하여야 겠지요
....
그리고.. 정해진 길이와 톱(top) 부분 길이와 대조하여 스타일을 구성합니다..
대조
....
수직으로 컷
톱(top)부분과 프런트(front) 부분을 같이 연결하시고...
....
이렇게 계속... 자르는데 중요한 것은 항상.. 각도 90° 를 지켜주셔야.. 합니다...
90°
....

전체를
완성
하면..
세로체크
컷을 하고
......
세로체크
....
가로체크 컷을
하여... 연결이
잘 되었는지
확인합니다..
가로체크
네이프(nape)
라인은....
레이저를 사용하여
자연스런 컷을
연결시키고...
마지막 마무리는
무스, 젤, 스프레이,
등으로 스타일을
연출하면..
--끝--
오~~호
역시 자긴 쇼트
레이어...
스타일이야..
너무..
이쁘고..
멋져..
짝~~
짝~~
짝~~
자기...
이젠 강의
끝난거지??
멍...
멍...
멍...

이제.. 끝났으니
간만에
외식하러
갈까...
척~~
우리...
뭘 먹을까?
양식?
일식?
한식? 아님..
갈비 뜯을까?
아~~저..저
자기야..잠깐만..헤헤
그..그게 있잖아. 사실 끝이 아니라
퍼머넌트 웨이브와 헤어컬러링
이 남았어. 좀만 참아줘라.
잉...
또! 남았어?
난 벌써
지쳤는걸....
하~암
나도...
속닥~
속닥~
이번 강의 잘하면,
강의료 200%
인상.....
해줄것 같아..
그래서..말야..
정말~~
이지..
그럼..
내가 왜
거짓말을
해...
아~
야~
야~

좋았어!!
오늘부로 나는
완전히 자기모델로
거듭나기로 했어...
자~~빨리 시작
하시고....
200% 인상 해줄것
같다고 했지...
해준다고는 안했걸랑...
메롱~~
자~~지금부터
퍼머 웨이브를
시작하겠습니다.
요.....
저기요~
강사님!
퍼머웨이브
가 아니라
퍼머넌트
웨이브가
더 정확한
단어 구성
인데요..
허~거참...
엉덩이나 궁둥이나
매한가지 인거야!
괜히 시비를 걸어..
알았어..
....
가만히
있을게..
하~하 여러분 죄송합니다...
지금부터는 진짜
퍼머넌트 웨이브
시작..
하겠
습니다.
펌
약

퍼머넌트 웨이브를 하기 전에 우선 먼저 알아... 두어야 할 게 있죠...
즉...모발의 구조를... 알아야 합니다..
"얍" ~약 따거~
모발은 크게 나뉘어 모발의 생성과 모발의 성장...그리고 모발의.. 기능과 모발의 성분 으로 나눕니다.
털이라면.... 나도... 한털 한다... 구요...
간질~~
간질~~
jf;dll/clk[e,;'s;,c,,, ksx/l'fl,v's ssjld;g[g][woor.;fod' !4x.ldlıgjp\s||\\\ qp]w[r[[[[r...........
우~~ 에~~ 취~~

제2장 모발의 구조와 성분

이 모유두와 접한
부분에는 모모세포가
있는데 왕성한 세포분열을
일으키는 곳이
바로......
이곳이랍니다.
모낭
~벅~
~버벅~
~벅~
~버벅~
모낭과 표피층
사이에 존재하는 내,외 모근초
(Inner root sheath. irs
Outer root sheath. ors)
는 새로 나오는 모발을
보호하면서 자신을 밖으로
나와 비듬으로.... 끝납니다.
모발에...윤기와
부드러움을 주는
피지선은 모낭벽에
위치하고 있대요..
~영차~
언젠가는...
이런 약이
개발될지도...
장 약 국
너와~
친구하고..
싶어
폴짝~
피지선 관리
하는 약...
주세요..
약
모근부...구조의
마지막 입모근
(Arrector Pill
Muscle)이
있는데..이것은
갑작스런 온도나
공포 등으로 근육이
수축하면서 피부에
소름을 돋게 하고..
에...그래서..
수축 시에 체온손실을
막기 위해 모공의 문을
닫는 역할을 합니다.
모낭
이~~야~아
모공문아
열려라~아..
웨~야.
졸려..
죽겠는데..
누가.. 감히
날 깨우지..

이상...
모근부 하는 일을
마치고 흔히
머리카락으로
불리는 모간부
(Hair shaft)
에 대해 잠시
살펴봅시다....
모간부
모간부는 모표피와
모피질 모수질 그리고
세포막복합체로 이루어
졌습니다...
우쉬~~~
애써 키워놨더니
....
그리고 이 모간부는 펌같은 화학
약품 처리 시 가장 큰 영향을
받지요....
모간부 모표피는 모발의
최외각에서 층을 이루어 모발을 보호
하며 물리적 마찰에 약하여 빗질
샴푸 또한 풍화작용에 의해
많이 손상 됩니다....
찌이익~
또한 펌약의 침투를 방해하지만
알칼리성 펌약은 표피를...
부풀게 하여 피질에 들어가..
모발을 연화 팽창 시킬 수 있는
겁니다.....
알칼리성
펌약
부들~~
부들~~
아~~흐
기분 좋아
몸이 부풀어
오르는...이 기분
..짜릿해...흐흐
왱~~

그리고 이녀석이 모피질(cortex)인데 얘가 하는 자기 소개 잠시 들어볼까요..
모피질
흐흐~제가 모피질임다. 전체 모발의 85%~90%를 차지하고 있고요.. 형상, 유연성, 탄력, 강도, 색상 등에 의해 역학적 또는 화학적 성질을... 가지고 있습다. 간단히 말하면 고강도... 케이블처럼 연결된 수백만 개의 미세섬유라 보시면 됩니다... 흐흐흐
모표피
모수질
모피질
모표피
모수질은 모발.. 한가운데 있으며 경모와 연모를 구분하는 기준이 되며 보온작용을 하고...
모수질에는... 혈액형 항원이 존재하고 있어..
마약 범죄시에 머리카락은 중요한 단서가 됩니다..
아~ 따뜻해....
으~추워라 내털.. 돌리도!!
무신소리 하능교? 마약이 라뇨??
네 머리카락에서 마약 성분이 나왔어!
마지막으로... 세포막 복합체(cell Membrane complex)는 각각의 세포를 묶거나 접착시키는 역할을 담당 하지요...
밧줄로 꽁꽁 묶어라!
세포
접착제를.. 붙이고
우리는.. 세포막 복합체라네..
세포공장
영차! 영차! 결합.. 시켜라....

① 성장기(Anagen)

모모세포분열이 엄청 잘자라는
시기로 전체 모발 80%~90% 차지하며
하루 0.35mm~0.4mm 정도성장하며
1년에 약 16cm 자란다.
전체 모발 80~90%가 이 단계에 속한다.
(참고로 수염은 1년에 10cm정도 자람)

② 퇴화기(catagen)

케라틴을 만들지 않고
성장기를 지난 모모세포가 쇠퇴하는
시기로 전체모발 1%를 차지하며 물질대사
활동이 느려진다.

③ 휴지기(Telogen)

퇴화기를 거친
모발이 모낭과
모유두가 완전
분리되어 시간이
지나면 빠지는
시기이며 전체
모발 5개월 전후로
14%로 해당
한다.

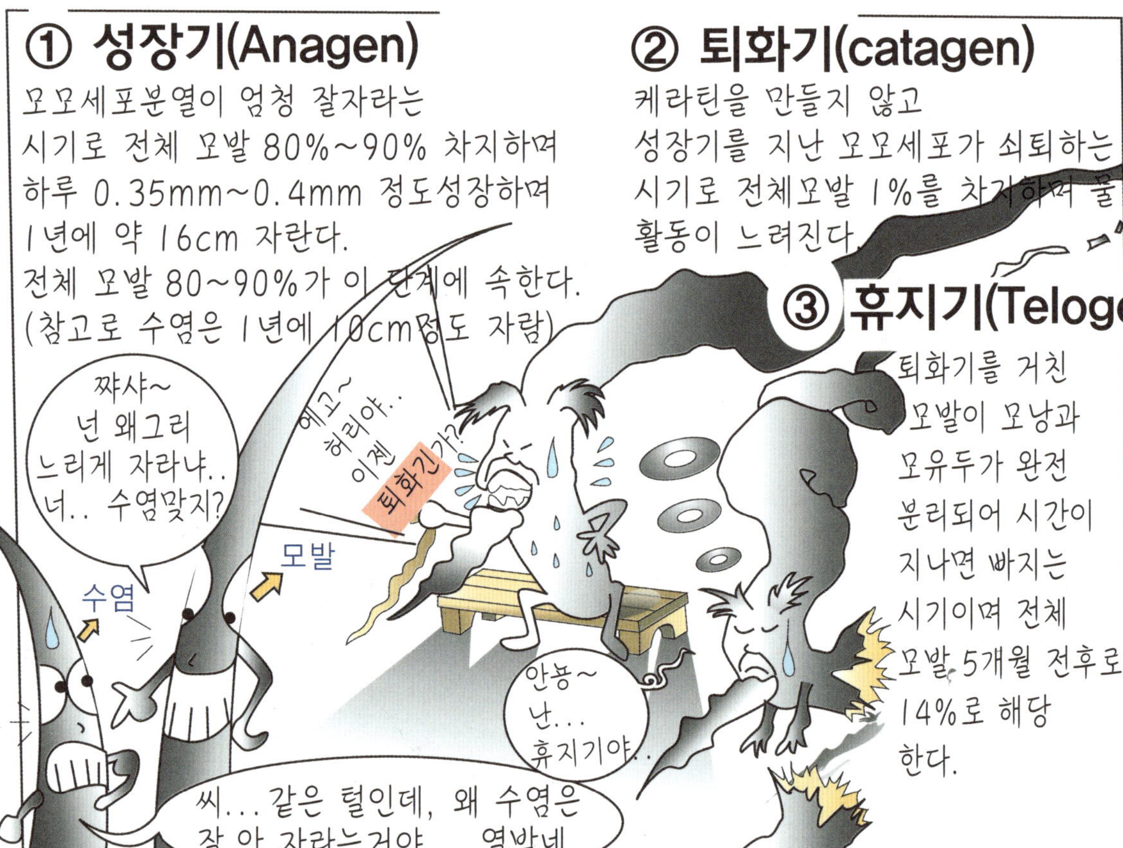

탈모는... 나이가
들수록 모발 성장기가
단축되어...
자주 일어나지만
현대에는 병적인
탈모가 많이
일어나고 있답니다.
신경성
비강성탈모
스트레스
오메~
이러다간
머리카락 한 올
안 남겠네...
병적인
탈모

그리고 우리 몸에...
들어온 각종 나쁜 물질
을(수은, 납 등)몸밖으로
배출시키는
역할을 모발이 하고
있다는 사실 알고
계십니까?
중금속
중금속
중금속
수은...
너 나가
얍~
납...
너도...
떠나셔..
기타 등등..
나가시고..

이번에는..
모발 성분
에 대해...
알아봅시다..
질문이요?
우리 개털도
같은 성분
인가요?
어떤 대답을
듣고 싶니?
그..그야
좋은..
대답을
듣고...
짜샤~~
네가 감히 인간하고
비교하냐? 건방진 것
같으니....
깨~갱
동물학대 죄로
고발할거야~~
뻐
약..
18종의 아미노산으로
구성되어 있는 모발은
경단백질의 일종인
케라틴이 전체 65%~95%
차지하고 있으며...
아미노산 50개 이상
단백질
그러면...
단백질은 뭐고
아미노산은
무엇인지 궁금
하지요.. 사실은
아미노산 50개
이상 결합된 것이
단백질
이랍니다....

원소집단
원소집단
원소집단
원소집단
어휴~~
18종 아미노산
이니...
독성 미량원소니...
하니까.... 머리가
지근지금 아픕니다.
그냥... 여기서는 골아픈건
제쳐놓고 모발성분 중 제일
많은 시스틴...
아미노산(약16% 비율)만
외웁 시다... 헤.헤
쫘악
왜냐면... 시스틴 아미노산이
퍼머넌트 웨이브 형성과 밀접한
관계가...
있으니깐요.
※
Cystine 아미노산
모발 성분 16% 차지함..
물론 손, 발톱 피부 각질은
단백질이 변형된 케라틴
성분이지요...
그리고.. 흔히 우리가 자주듣는 pH에 대해서 알고 넘어
갑시다.. 왜냐면 pH는 미용화학 재료에 그 쓰임새가
중요하니까요..
pH
pH란 물 한 방울을
전기분해했을 때
수소인과 수산화
이온으로 나누었을 때
수소이온이 어느 정도
포함되어 있는가?
하는 지표라
생각하세요.

수소이온과...
수산화이온이 같은
양으로 존재하면
중성이 되고...
"충성"
(수산화이온 50%)
(수소이온
50%)
나중성
얌마~
충성이아니고
중성이란
말야
만약 중성에서 다른 물질을 넣어...
수소이온을 증가시키면 그 액체는
산성이 되며..
산성
(수소이온 70%)
good~
good~
(수산화이온 30%)
그 반대로 수산화이온이
증가하면 그 액체는
알칼리성이 된다.
이겁니다...
이쉬~
가만히 있지
못하게...
만드넹..
콸~
콸~콸
(수소이온 30%)
알칼리성
(수산화이온 70%)
보통 산의 농도(이온농도
pH)를 숫자개념으로
나타낼 때 7을 기준으로
하여 7보다.....
....
7
기준
높으면 알칼리성, 7보다
낮으면 산성으로 생각
하면 됩니다...
아~~
알았다구요...
젠장..
다알고
있으니..
제발...
다음으로
넘어가자
고요..
화학은
지겹다
지겨워..
그리고
당신
맘에
안들어
너무
어려워...

하지만 우리가 좀 더 공부해야 하는 이유는...??
우리 미용인이 매일같이 다루는 모발은 화학성분인 산을 만나면 엄청난 저항력이 생기는데 이것은 곧 모발성분이 단백질이기 때문입니다.
"얍"
챙
챙
챙
"얍"
pH (산)
모발
인체에서도 pH가 중요하듯이 모발의 pH도 정말 중요합니다..
"챙"
"헉"
pH (산)
결정타~~
하~~앙
모발
pH
죽일까?
살릴까?
그러므로 pH를....... 잘 사용하면 모발의 손상을 최소화할 수 있다는 겁니다..
모발
"쾅"
pH (산)

일반적으로... 알려진 것보다는 산성보다는... 알칼리성이 단백질에.. 더 손상을 준다고 합니다...
모발
허리꺾기
pH (산)
우두~뚝
즉... 강 산성은 섬유조직을 파괴는 않지만.. 거칠고 약하게 하고 강 알카리성은.. 모발의 섬유조직을 파괴시키는 것으로 알려져 있습니다...
더.. 할래???
pH (산)
모발
아~ 아냐. 그만됐어
됐기는.. 뭐가돼.. 엽~~
얘~~ 너무..심하다.
퍽~
안뇽.... 나 간다아~
pH (산)
모발
그러므로 알칼리.. 성분의 헤어제품을 적당히 사용해야지 너무 많이 사용하게 되면 모발이.. 다공성이 되고 손상을 불러오게 됩니다...
에구~~ 나 죽네.. 꼬르르..

8 . 7 . 6 . 5 . 4 . 3.67 . 3 . 2 . 1
그러면.. 순수모발 다시 말하면.. 자연모의 pH는 어떨까요? 자연모의 pH 농도는 3.67 정도로 기준치 7보다 낮지요... 에...그러므로....
7이하면 산성 이구먼...
낮은 pH에서는 수소결합이 양전하 (positive charge)를 띠게 되는데 이런.. 수소 결합을 다시 돌려놓음으로써 모발이 100% 가까운 탄력성이 생기며... 수분 증발 단백질 분열 상태를 고정시켜 준다... 이겁니다..
떠벌~ 떠벌~
아이고 나도 뭔 소린지 하나도 모르겠다.
그러니까, pH를 낮게 유지하는게 좋다 이거죠?
옳거니!! 내말이... 그말이오~~
짝~~ 짝~~
머리가... 지끈지끈한 모발성분은 이제 접고서... 머리를 식힐겸 퍼머의 역사와 펌약 성분을 잠시 살펴보는 것도 괜찮겠지요...
퍼머넌트 웨이브 역사
제3장 펌의 역사와 펌약 성분
다~~다~다~~

퍼머넌트 웨이브 역사를 위로 거슬어 올라가면 기원전 3000년경 고대 이집트인들이 알칼리성 성분의 진흙을 모발에 바르고 나무로 감은 후 태양에 건조하여 만든 웨이브가 최초라 할 수가 있습니다...
"철썩"
손님~파마약 입니다..
헉~
진흙
진흙에..따끈한 태양열이 모두 자연식 펌이지요.. 흐~좋다..
그후... 로마시대에 불에 달군 쇠를 이용하여 웨이브를 만들어 사용하다가...
시저황제님~ 멋진 웨이브 만들려면.. 조금만 참으십시요..
치~치~칙
부르투스.... 제발 제발... 뜨겁지 않게 해줘...
19세기 경에 석유램프로 열을 가하여 쇠막대를 달구어 웨이브를.. 만들었지만, 모두 일시적 이었을 뿐 이지요..
폐하 새로나온 석유램프 웨이브 입니다... 한번 해 보시죠..
찌지직~~
으아악~ 내머리 다타겠네. 이놈들아 뜨겁지 않은 걸로 하란 말이다..으응....

우리에게는 S자 퍼머 웨이브가 별것 아닌 것 같지만 S자 웨이브 탄생은 슬픈 이야기가 담겨져 있습니다. 1870년경 프랑스인 마셀그라또우(Marcel Grateau)는 너무 가난해 미용실을 가지 못하는 어머니를 위해 직접 달군 아이론과 빗을 이용하여 탄생시킨 기술이 S자 웨이브였습니다.
드..드..드... 드디어... 서..성공이닷...
실패작
실패작
실패작
실패작
아이론
마셀그라또우
그러던 중... 1905년에 독일인...
1905
찰스 네슬러가 샹들리에 같은 큰 철구조물로 로드를 이용한 시술을 적용, 처음 알칼리와 열을 100℃ 이상 사용하여 영구적 퍼머 웨이브를 만들었지요. 많은 시간과 전기적 충격, 막대한 설비, 비싼 가격, 모발 손상 등등으로 부작용을 낳았지만 영구적이라는 것에 사람들은 만족해 하였습니다..
찰스 네슬러
야호~~ 풀리지 않는 머리... 좋아요

1923년을 거쳐 1936년에는 스피그만(J.B.speakman)은 아황산수소나트륨을 이용해 40℃ 실온에서 웨이브를 얻는데 성공했는데 실온에서... 웨이브를... 얻었다는 의미로 콜드 퍼머넌트 웨이브라 불리고 있습니다.
1923
1936
아황산수소 나트륨
아버지... 흑흑..
콜드퍼머넌트 웨이브를 만들었으니 죽어도 여한이 없구나...
대학교수 스피그만의 유언
그 후에도 계속 모발의 연구가 진행되어 케라틴이라는 모발 성분이 밝혀지면서 시스틴(cystine) 결합을 절단하는 연구에 힘을..쏟은 결과....
절단!! 또 절단 해야해.
혹시 범죄자...
1941년 미국의 맥도나우(Mcdonough)가 제조 방법이 간단하고 인체에 무해한 웨이브제 치오글리콜산($HSCH_2COOH$)을 제조하여 오늘날 현재에도 많이 사용하고 있는 것입니다.
오!! 위대한 발견...
크~~냄새가 좀 고약하군요.....
꼴~~ 꼴~~

오늘날까지도... 시스테인과 산성 퍼머넌트 웨이브제 등 다양하게 제품이 연구 개발되고 있다는 것은 여러분도... 잘 아시고 계실겁니다.
웰빙펌
시스테인
열펌
스트레이트펌
산성 퍼머넌트
아이롱펌
치로글리콜산
XX펌제 연구 개발원
개발원
연구소
용제품
XX웨이브 개발연구진
OO모발 연구소
에고~ 무거워라..
웨이브를 얻을 수 있는 퍼머넌트 종류는 2가지로 구분할 수 있는데 열을 이용하여 얻는 방법...
이 전기 세팅기에서도 웨이브를 얻는다오....
전기 세팅기
찰칵~~
찰칵~~
약액으로... 웨이브를 얻는 방법이... 있습니다..
원장님! 나~ 그냥 자연방치 할래요...
우리.. 숍에는 자연방치가 없습니다..
퍼머넌트 웨이브의 비밀
요로코롬... 이쁜 모발 형태를 만들 수 있다니...
거.. 참 신기한 마술같군... 마술같아~~

퍼머넌트... 웨이브는.. 머리카락의 화학적 구조가 밝혀지고 난 후 케라틴 물질의 특성을 연구한 결과로... 이루어낸 과학적 시술로 평가 받고.... 있습니다..
추카~~ 추카~~ 합니다~~
자기야~~ 우리는 천생 연분인것.. 같아.. 호호호호....
히히히~~ 나두 그렇게 생각해~~
모발의 화학적구조
케라틴의 특성

잠깐! 미용상식코너!

① 화학용어에서 환원이란?
어떤 물질(H)를 주던가 산소(O)를 빼앗는 작용을 말함...
헤이~이것 받던지 그것 주던지 빨랑 선택해......
모발
알고 계시면 자주.. 써먹습니다.
수소(H)
주.... 주면 될거아냐..씨..
산소(O)

② 화학용어에서 산화란?
산소(O)를 주던가 수소(H)를 빼앗는 작용을 말함....
"야" 맘 바꼈다~~ 이것 받을래 그것 줄래!!
뭐야?? 대체~~
모발
산소(O)
수소(H)
써먹을땐... 꼭 저를 생각해 주세용... 끼..끼....

미용실에서..
쓰는 파마약1제는
환원제가 들어있어
모발 속에 침투하여
시스팀 결합을..
환원시키는..
펌
약
모발
형님 이런 것은 제가 전문입니다요. 얍~
찌~이이익
치오글리콜산.
시스테인
(환원제)
오우~
역시
역할을 하는데,
보조첨가제(촉진제)는
암모니아, 중탄산암모니움,
모노에탄올아민,
트리에탄올아민, 알기닌..
등 알칼리제가
있구요....
알칼리제
(보조첨가제)
제2제는
1제가 환원시킨
모발 상태를...
산화과정을
통해 재결합
시켜서...
새로운 형태로 모발
구조를 탄생
시키는 겁니다.
멋진모발로
재탄생하여라
"이야압"
이게... 다
누구 덕인데,
혼자 잘난척
하는가?
그러게
말야!
로드
고무줄
새로운
형태의
모발구조
종이
이렇게.....
탄생된 것이
퍼머넌트(permanent)
"영구적인"
웨이브(wave)
물결
즉, 영구적인 물결이란..
뜻을 가지고 있다...
영구야!
바다에서
뭐하니??
나의 적은...
물결이다..
물결과..
싸울거야~
진짜~
영구네...

퍼머약 1제를
좀 더 자세히
요약해보면
앞에서도
얘기했죠!
치오글리
콜산과
시스테인
이라고
말입니다
그만자고
자기소개
해봐!!
딱!!!
누구야!!!
치오 글리콜산
치오군 소개가
잠시 있겠습니다.
다음 시스테인
너도 준비해...
치오 글리콜산
시스테인
저로 말할 것 같으면
분자 크기가 시스테인보다
작아서 모발 침투가
용이하고 많은 시스틴
결합을 절단하는 힘을 가져
강한 웨이브를 얻습니다....
하지만... 손상모를
더욱 빠르게 손상시키는
나쁜 버릇이 있어요...
그리고 가격이 조금 비싼
시스테인군을 소개합니다.
음냐...
음냐...
음냐...
시스테인
음냐... 저는 치오녀석보다
모발침투가 뒤떨어지지만
모발을 부드럽게
애무해주어 나와 친하도록
하는 능력이?? 있습니다...
가격이 비싼 이유가
흠이죠... 그 이유는
인모나 조류깃털에서
아미노산을 추출하기에
원가비용이 좀 듭답니다.
나를 사용하고 난 후엔
꼭 충분히 헹궈 줘야
해요... 흐~~~졸려...

곱슬머리를 펴는 약 흔히 "스트레이트펌" 약이라고도 하는 제1제 성분은 치오글리콜산 및 그 염류를 주성분으로 하고 있습니다...
이 곱슬머리는 신이 주신 선물입니다.
보통 곱슬은 펼 때 열을 가하지 않고요...
심한곱슬
심한 곱슬은 강한 알칼리이므로 빨리 시술해야 되지요...
펌1제
보통곱슬
펌1제
치오글리콜산 및 그 염류를 주성분으로 한 크림제품
모발의 시스테인과 시스테인을 1제로 절단 후 재결합 시키기 위해서는 반드시 제2제를 사용합니다.
헤이~브롬산 소개할 차례야...
보통...... 과산화수소(H_2O_2)와 브롬산칼륨과 브롬산 나트륨이 있습니다...
아~알았어요...
과산화수소
브롬산 나트륨
저~~저는 산화작용이 그...그렇게 급격히 일어나지 않아서 시~시스틴 겨... 결합을 부드럽게 이어줍니다. 단 충분히 투여하고...저...적절한 방치 시간을 두..두어야 합......합니다!
에구!!! 허구한날 하는 제일도 제대로 못 외우고 있는구나... 잉어..
툭~~
툭~~
브롬산 나트륨

자... 다음은
과산화수소
차.......엥
웅얼 &&* 웅
웅얼#$웅^
앗~싸 내 차례다
저의 장점을 말할 것
같으면 산화작용이 강하여 짧은
시간에 시술할 수 있습다...
하지만 그만큼 모발에
단백질산화를 일으켜서
손상을 가져옵니다... 모발이
점점 밝은색이 되는 이유도
멜라닌 색소를 산화시키기
때문에 그렇지요...
이상입다....하~하~
헤헤헤...
하지만 대부분
브롬산 나트륨을 많이
쓰고 있다는 사실이
중요하죠...
꽈~악
이것..봐!!
나도 할말이
많은 약품
이란 말야..씨.
자~~그럼
다음 장으로
넘어가서 퍼머넌트
와인딩을 배워
봅시다....
"자기~야"
언제 거기까지
갔었어??
질~~질
멍!
멍!

제4장 펌 종류와 기구들 and 와인딩 기법

다음은 각 두부 명칭입니다..

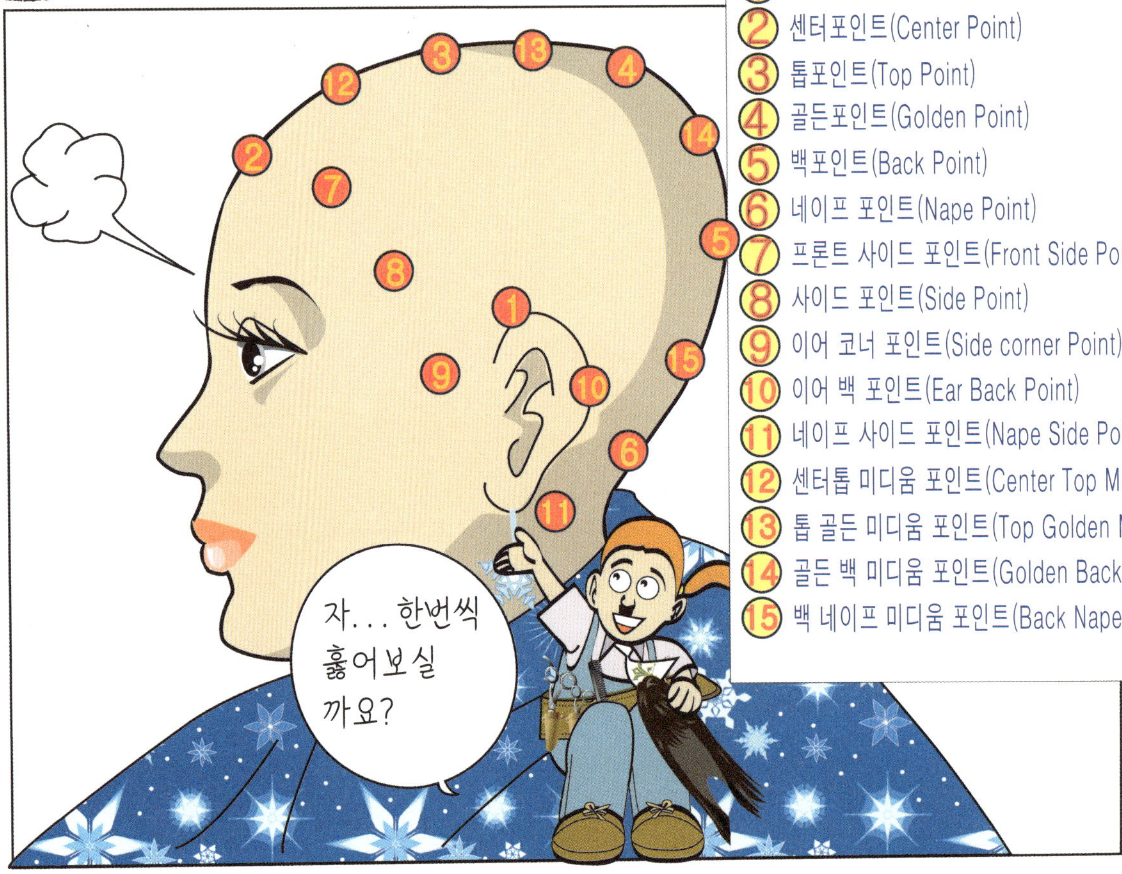

1. 이어포인트(Ear Point)
2. 센터포인트(Center Point)
3. 톱포인트(Top Point)
4. 골든포인트(Golden Point)
5. 백포인트(Back Point)
6. 네이프 포인트(Nape Point)
7. 프론트 사이드 포인트(Front Side Point)
8. 사이드 포인트(Side Point)
9. 이어 코너 포인트(Side corner Point)
10. 이어 백 포인트(Ear Back Point)
11. 네이프 사이드 포인트(Nape Side Point)
12. 센터톱 미디움 포인트(Center Top Medium Point)
13. 톱 골든 미디움 포인트(Top Golden Medium Point)
14. 골든 백 미디움 포인트(Golden Back Medium Point)
15. 백 네이프 미디움 포인트(Back Nape Medium Point)

블로킹이란...
원하는 헤어스타일과
웨이브 모양 손님의
머리 특정 부위 따라서
약간씩 다르기도 하지만
대부분은 10등분으로
나눕니다...
숙련된 미용인들은
블로킹을 눈짐작으로만
하시는 분들도 계시지만
초보 미용인에게는 정말
중요한 부분입니다.
자..뒤에서
봤을 때
10등분
입니다..
이 방법 외에
기본 9등분 그리고
센터 5등분
오른쪽 사이드 파트 5등분
왼쪽 사이드 파트 5등분
이 있답니다.
빙~~글

다음은 와인딩로 가서 와인딩 의미와 주의점을 살펴보겠습니다.
와인딩이란 모발을 로드에 마는 기술을 말하며 와인딩 할 때 모발을 너무 강하게 혹은 너무 약하게도 당기지 말고 로드에 고르게 말도록 해야 합니다...
와인딩 방법은 2가지로 나뉩니다.. 1제를 바르면서 하는 경우와 1제를 바르지 않고 물로 촉촉하게 적셔 마는 방법이 있는데....
물에 적셔서 마는 방법을 워터랩핑이라고 하고 긴 모발이나 강한 모발에는 적당하지 않고 손상모 연모 짧은 모발에 적당합니다.
펌 약

와인딩 시에
열의 발생량이
부위마다 다르기 때문에
온도와 밀접한 관계가
있는 펌약 특정상....
적절하게 로드 크기를
맞추어야 합니다.
여기는 온도가 낮습니다.
"톡톡"
온도가 높은 부분
온도가 낮은 부분
온도가 높은 부분
온도가 낮은 부분
이 부분..즉..네이프 부분
인데 열이 낮은 부분으로
작은 로드를 사용하고
다른 부분보다 먼저
와인딩하면 원하는 컬을
얻을 수 있습니다.
바로 이 부분입죠..
이 부분은 온도가 낮고
대부분이 건강모다...
톡~~톡
톱(Top)에서부터
크라운(Crown) 부분은
두부 중에서 가장 열이
많은 부분으로 굵은 로드를
선택해 와인딩해야
합니다..
"탁~탁"
반대로...
이 부분은
열이 많으며
손상모가
대부분임...

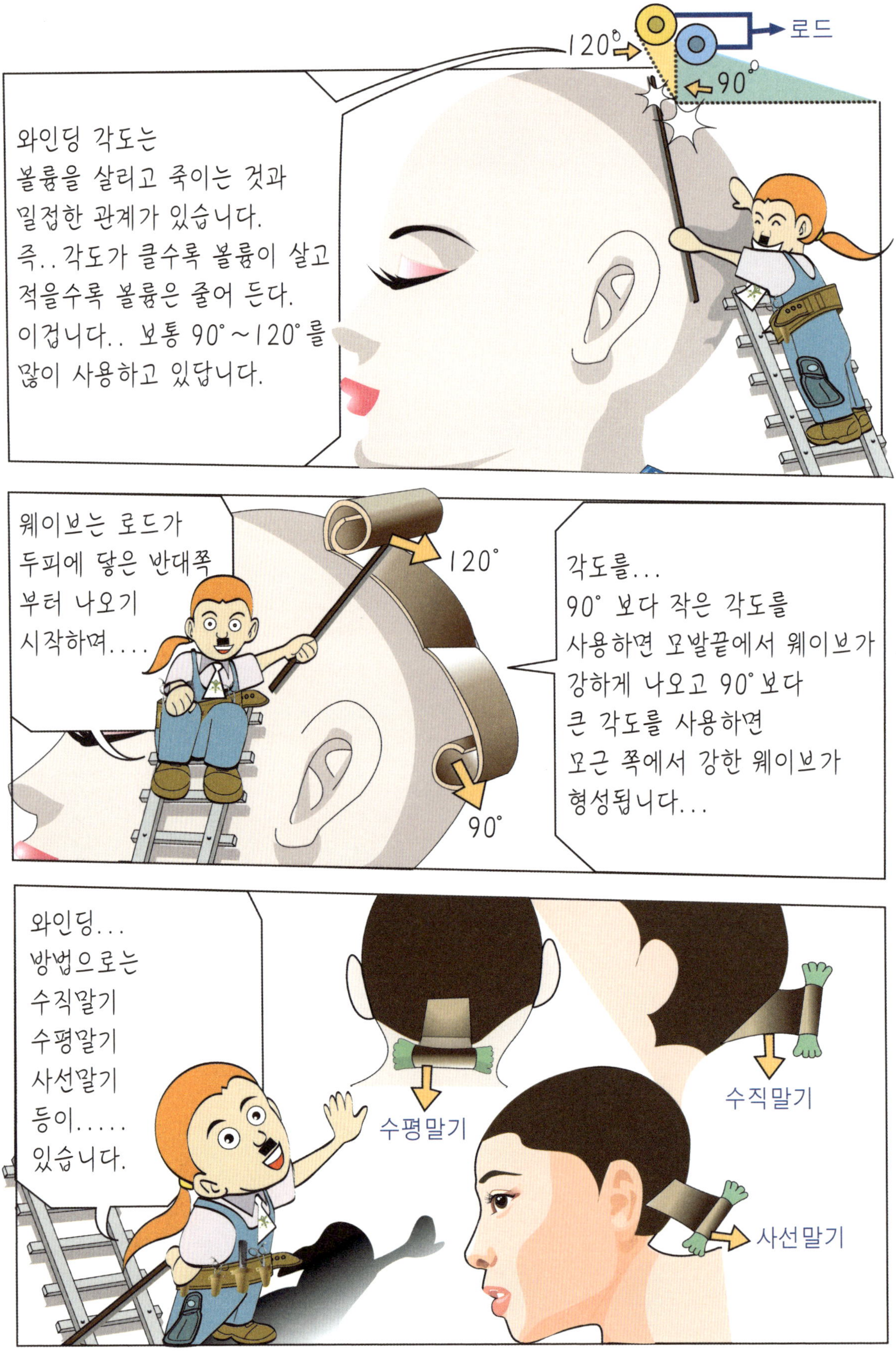
120°
로드
90°
와인딩 각도는
볼륨을 살리고 죽이는 것과
밀접한 관계가 있습니다.
즉..각도가 클수록 볼륨이 살고
적을수록 볼륨은 줄어 든다.
이겁니다.. 보통 90°~120°를
많이 사용하고 있답니다.
웨이브는 로드가
두피에 닿은 반대쪽
부터 나오기
시작하며....
120°
90°
각도를...
90° 보다 작은 각도를
사용하면 모발끝에서 웨이브가
강하게 나오고 90° 보다
큰 각도를 사용하면
모근 쪽에서 강한 웨이브가
형성됩니다...
와인딩...
방법으로는
수직말기
수평말기
사선말기
등이.....
있습니다.
수평말기
수직말기
사선말기

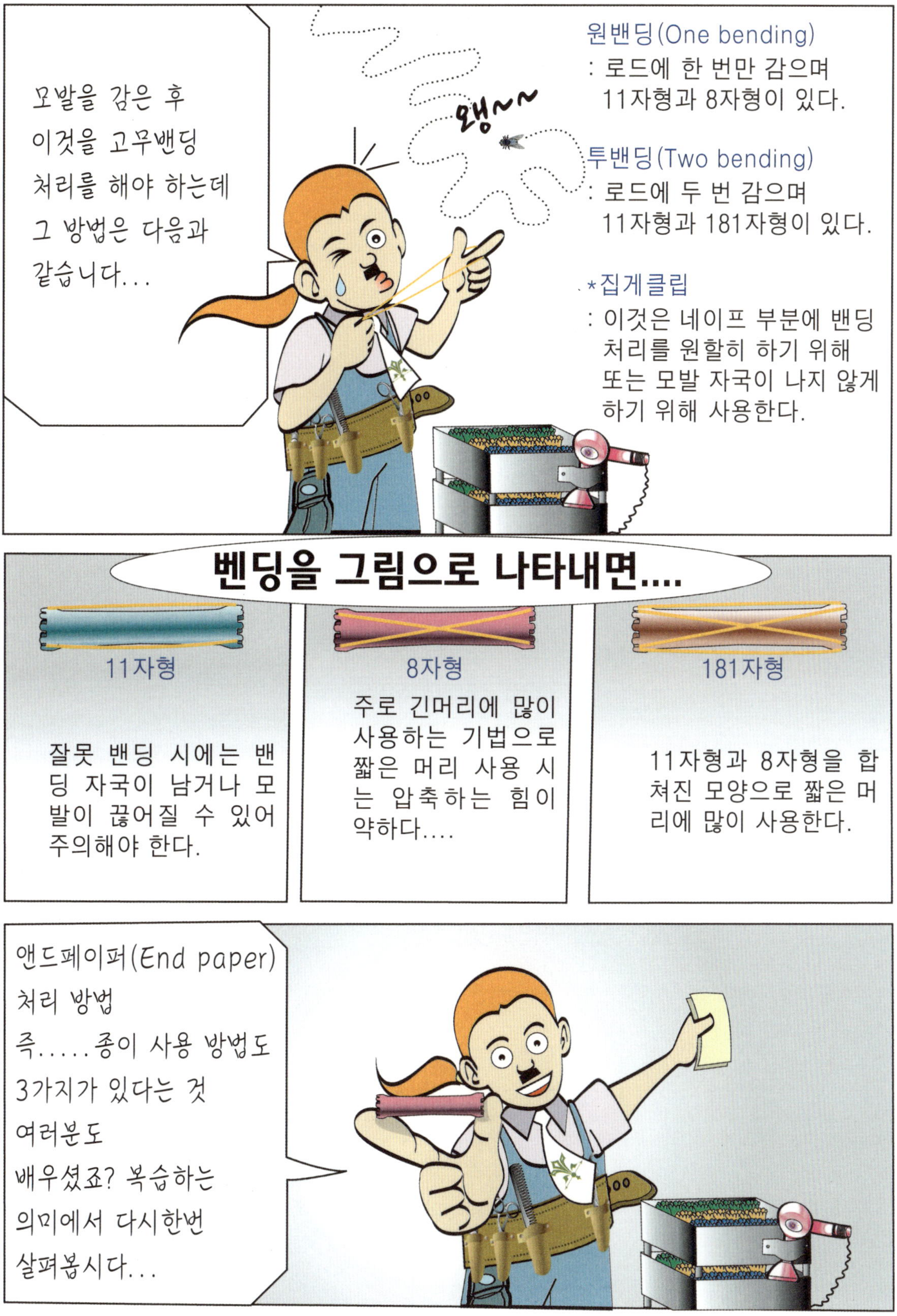
모발을 감은 후
이것을 고무밴딩
처리를 해야 하는데
그 방법은 다음과
같습니다...
왱~~
원밴딩(One bending)
: 로드에 한 번만 감으며
11자형과 8자형이 있다.
투밴딩(Two bending)
: 로드에 두 번 감으며
11자형과 181자형이 있다.
*집게클립
: 이것은 네이프 부분에 밴딩
처리를 원활히 하기 위해
또는 모발 자국이 나지 않게
하기 위해 사용한다.
벤딩을 그림으로 나타내면....
11자형
잘못 밴딩 시에는 밴
딩 자국이 남거나 모
발이 끊어질 수 있어
주의해야 한다.
8자형
주로 긴머리에 많이
사용하는 기법으로
짧은 머리 사용 시
는 압축하는 힘이
약하다....
181자형
11자형과 8자형을 합
쳐진 모양으로 짧은 머
리에 많이 사용한다.
앤드페이퍼(End paper)
처리 방법
즉.....종이 사용 방법도
3가지가 있다는 것
여러분도
배우셨죠? 복습하는
의미에서 다시한번
살펴봅시다...

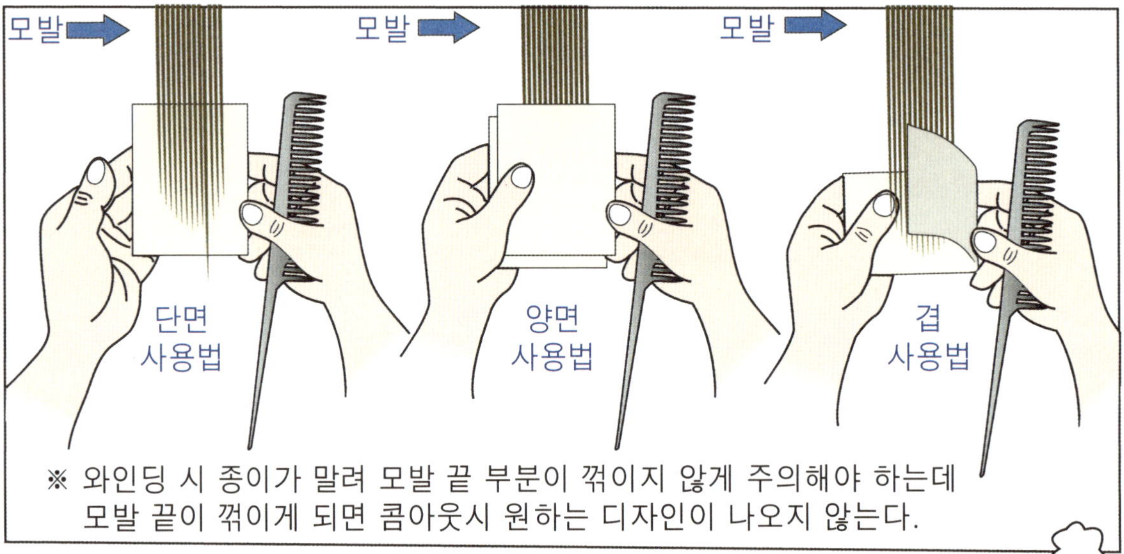
모발
모발
모발
단면
사용법
양면
사용법
겹
사용법
※ 와인딩 시 종이가 말려 모발 끝 부분이 꺾이지 않게 주의해야 하는데
모발 끝이 꺾이게 되면 콤아웃시 원하는 디자인이 나오지 않는다.

와인딩할 때 손님의 모발 굵기나 손상도 등 그 특성에 따라... 슬라이싱(로드에 감는 양)을 적절히 뜨야합니다... 이론과 실제가 다르듯이 경험이 그만큼 소중하다는 겁니다.
※ 슬라이싱 양에 따라 머리숱을 많게 혹은 적게 보이게 할수가 있다.
뭐예요!! 머리를 왜 이렇게 부풀려놨어요

모발을 마는 방법은.. 3가지가 있는데 한번 살펴볼까요..
① 세워말기
: 앞머리를 말 때 많이 사용하며 최대한 볼륨을 넣을 수 있다.

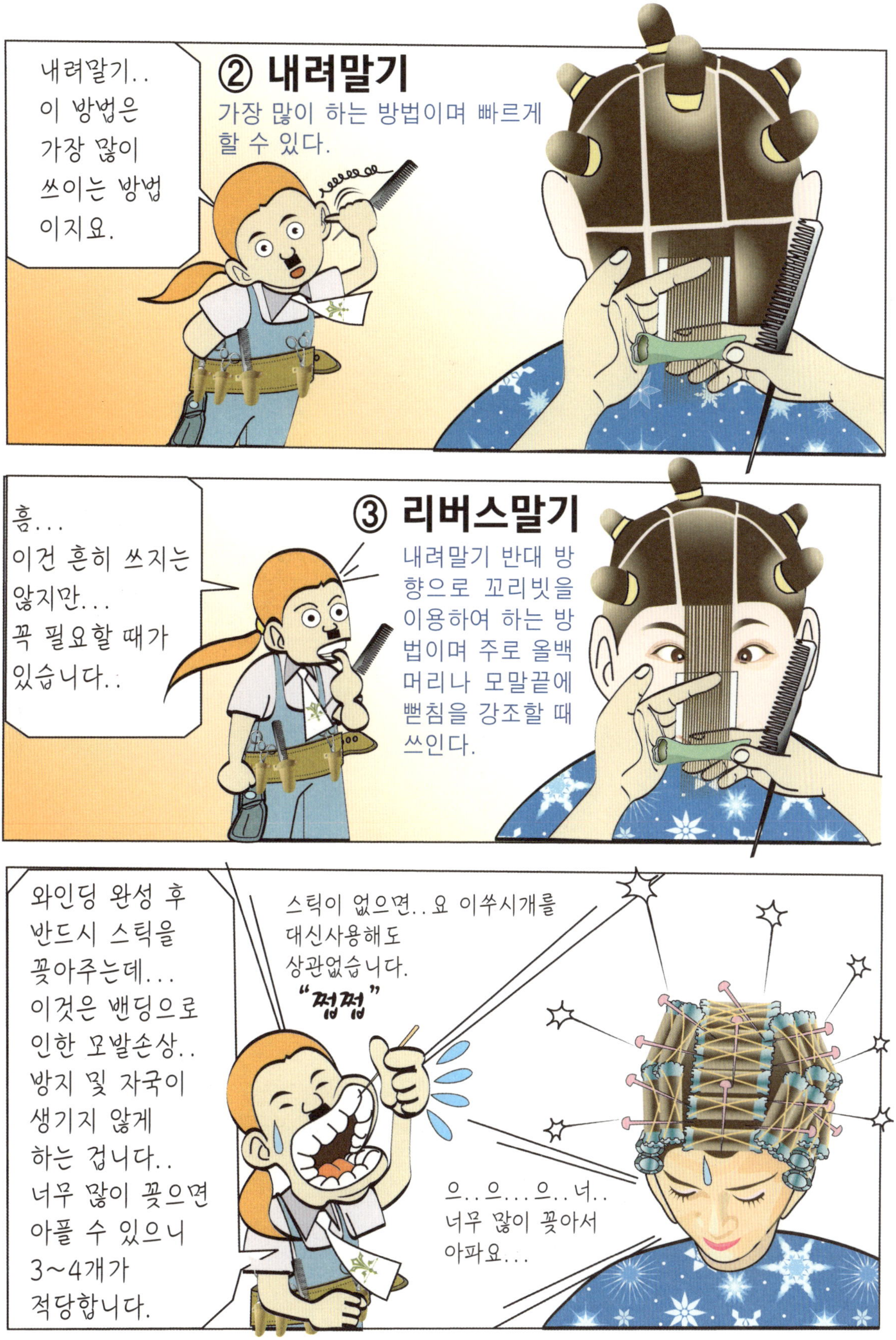
내려말기..
이 방법은
가장 많이
쓰이는 방법
이지요.
② 내려말기
가장 많이 하는 방법이며 빠르게
할 수 있다.
흠...
이건 흔히 쓰지는
않지만...
꼭 필요할 때가
있습니다..
③ 리버스말기
내려말기 반대 방
향으로 꼬리빗을
이용하여 하는 방
법이며 주로 올백
머리나 모말끝에
뻗침을 강조할 때
쓰인다.
와인딩 완성 후
반드시 스틱을
꽂아주는데...
이것은 밴딩으로
인한 모발손상..
방지 및 자국이
생기지 않게
하는 겁니다..
너무 많이 꽂으면
아플 수 있으니
3~4개가
적당합니다.
스틱이 없으면..요 이쑤시개를
대신사용해도
상관없습니다.
"쩝쩝"
으..으...으..너..
너무 많이 꽂아서
아파요...

이번엔... 와인딩할 수 있는 종류를... 살펴보시면 다음과.. 같습니다...
① 나선형 감기(spiral perm wrap)
이 방법은... 긴 머리에 많이 사용되며 모발 전체에 적당한 볼륨감... 그리고.. 귀여운 이미지를 얻을 수 있다.
나선형 감기... 할 때 주의점은 세지도 약하지도 않는 적당한 텐션을 주어 나선의... 폭을 넓히면서 감는 게 좋습니다.
탱~~
탱~~
오모모~ 정말 탱탱한 볼륨이야...
② 크로키놀식 와인딩 (croquinole perm wrap)
모근쪽으로 갈수록 겹쳐지므로 굵은컬이 나오겠지요
크로키놀 퍼머 감기는 모발 끝부분에서 두피(모근)쪽으로 향해 말아 올리는 방법...
굴러라~~
굴러~~

이번엔 일반 파마
로드로 할 수 있는
다양한 컬링 방법을
알아볼까요...
일반 로드
와드득~~
냠~얌
작은 것은..
꼭 뼈다귀..
처럼 생겼단
말야...
멍멍...

① 벽돌쌓기
모발이 갈라지는 부분을 방지하기 위해 사용하는 방법으로 가르마를 없애고자 하는 사람 혹은 가르마가 2개 있어 사용되는 방법이다..
뒷모습
앞모습

이렇게
수직으로
세워서 마는
방식이지요.
② 세로말기
머리숱이 많아 부푸는 것을 싫어하는 사람 혹은 단발머리 등에 많이 사용한다.
엉엉~~
세로말기....
해달랬는데 내
머리가 이렇게..
부풀었어..
세로말기
뒷모습

③ 트위스트

트위스트는 말 그대로 모발을 꼬아 비틀면서 로드에 감는 방법이며 주로 긴 모발에 사용된다.

④ 스택텀(stack widing)

머리에 로드를 겹쳐서 감는 방법으로 주로 긴 머리에 많이 사용된다.

⑤ 엘리베이션(Elevation)

ⓐ 업 엘리베이션 : 볼륨을 주지 않고 머리의 2분의 1정도 길이만 컬을 내고자 할 때 사용한다.

ⓑ 다운 엘리베이션 : 주로 레이어 컷에서 많이 사용하며 모발숱이 많거나 볼륨을 없앨 때 사용하는 방법이다.

ⓒ 호리존탈 엘리베이션 : 원렝그스 커트에 사용하는 것으로 라인 파마의 종류이다.

⑥ 피기백 스타일(piggy back style)

이 파마는 뿌리에 볼륨을 주기 위한 것으로 모발을 하나에 감는게 아니라 두 번에 나누어 감는 것을 말한다.

⑦ 더블와인딩(Double winding)

로드 1개를 말아 나가다가 중간 부분에서 다른 로드 1개를 합쳐 끝까지 와인딩 하는 것으로 모발 끝에는 강하게 모근에는 느슨한 웨이브를 주기 위한 것이다.

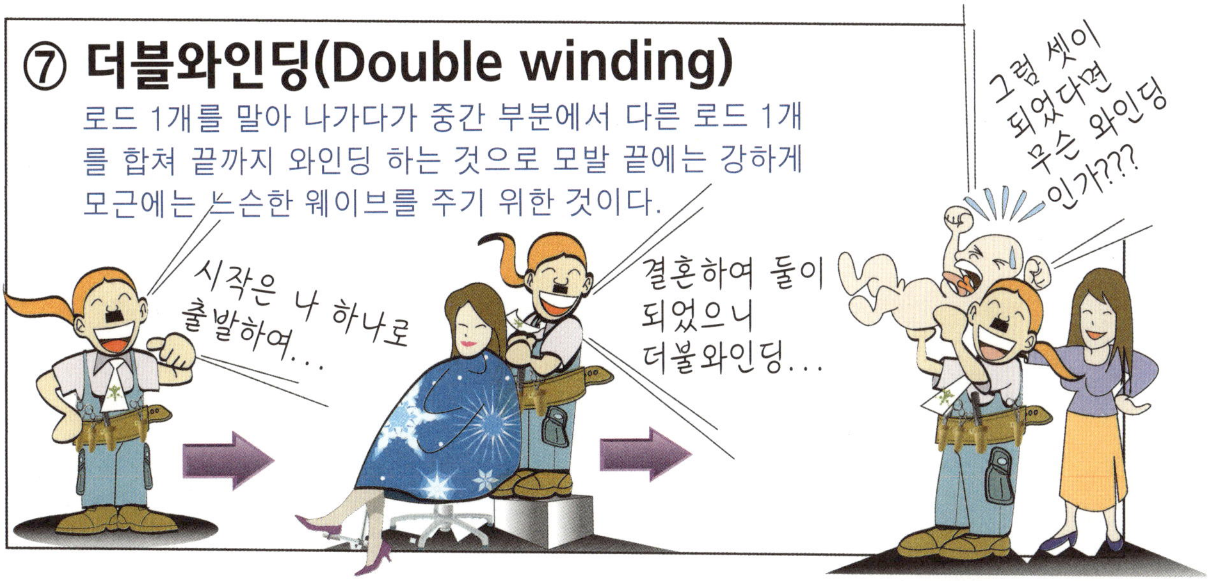

⑧ 오버랩(Over wrap)

이 방법은 모발 숱이 적거나.... 가는 모발일 때 굵은 웨이브와 볼륨감을 살리고자 할 때 쓰이며 지그재그로 얇게 슬라이싱하여 이중으로 겹쳐 마는 방법이다.

⑨ 뿌리펌

펌을 한지 오랜 시간이 지나 자라난 모발을 웨이브를 주기 위한 방법으로 머리가 길어 보이고 힘이 없는 머리에도 많이 사용한다..

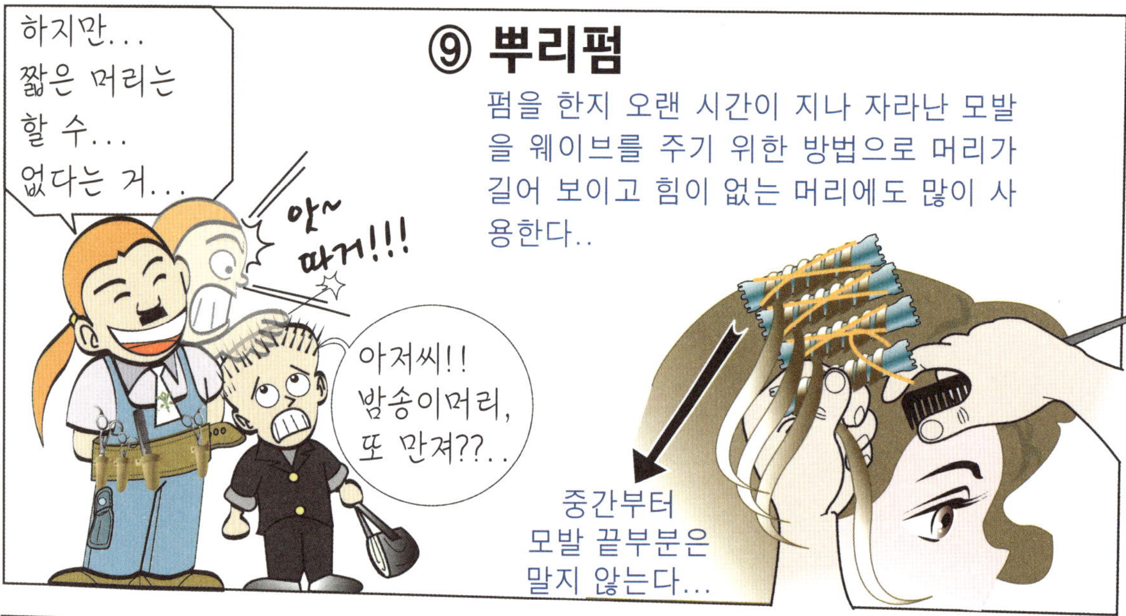

⑩ 라인펌

머리 끝부분만 컬을 만들고자 할 때 하는 방법으로 어린이들에게 많이 사용한다.

⑪ 볼륨펌(weaving technic)

모발을 한 번에 모두 슬라이스 하는게 아니라 바느질 하듯이 일부분은 컬이 나오지 않도록 그대로 두는 방식으로 가는 모발이나 숱이 적은 사람에게 주로 쓰인다.

⑫ 얼터네이트 펌(Alternate winding)

안말기와 바깥말기를 번갈아가며 감아 펌컬이 균등하지 않고 흐트러져 자연적 연출을 할 수 있다.

⑬ 아이덴테이션(Indentation winding)

모발 전체를 밖으로 뻗침을 연출하는 것으로 리버스(겉말음)라고도 한다... 얼마전 우리나라 모 연예인이 선보여 유행시켰던 적도 있었다.

① 부메랑 로드

긴머리에 사용하며 스파이럴식 웨이브를 형성하는데 C.C 컬이 약간 비스듬히 아래로 기울어진다.....

★ 세로 와인딩과 가로 와인딩이 있는데 가로는 볼륨을 형성하고 세로는 볼륨이 없으며... 무거워서 아픔을 호소하는 손님이 있다.

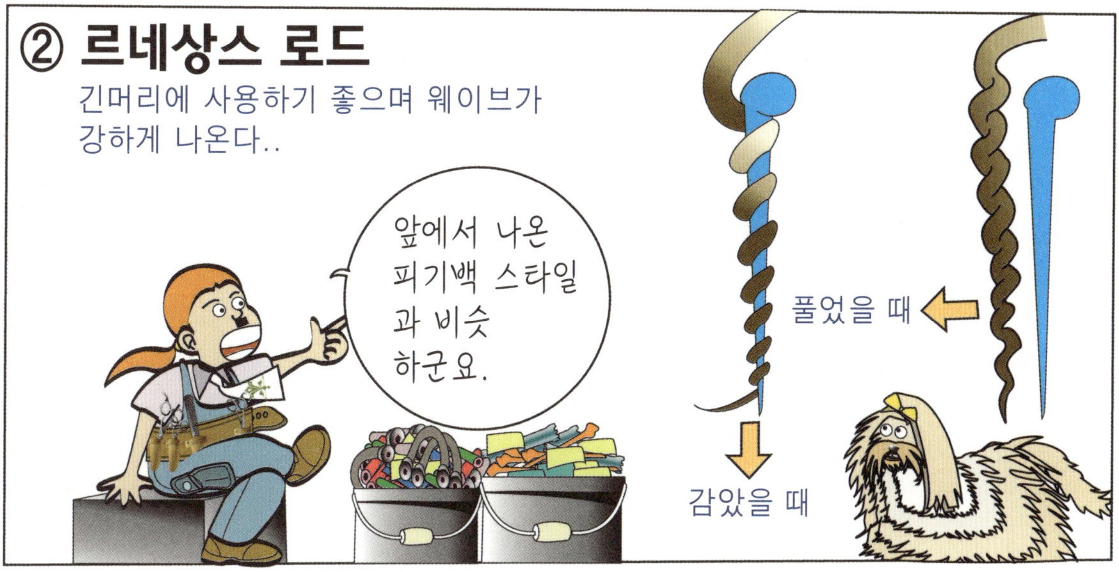
② 르네상스 로드
긴머리에 사용하기 좋으며 웨이브가 강하게 나온다..
앞에서 나온 피기백 스타일과 비슷하군요.
풀었을 때
감았을 때

③ 노밴드 로드
여러 가지가 있는데 고무밴드가 필요 없는 크로키놀식 와인딩 로드이다...
이 부분이 고무줄 대용으로 고정시키는 역할을 함

사장님~ 우리제품이 미용실에서 펌로드로 쓰인답니다.
④ 호일펌(Foil Perm)
쿠킹호일을 이용하여 정형적이 아닌 비정형적으로 내추럴 웨이브를 얻을 수 있다.. 젊은층에서 인기를 얻음
Jea woon
알미늄
오~~호 그래서 요즘 매출이 부쩍 늘었어.. 거참 오래 장사하다 보니 별... 희한한 곳에... 다 쓰이는군. 허. 허. 허

⑤ 소프트 와이어펌

스펀지처럼 부드럽고 가벼운 재료를 로드로 사용하여 강하지 않은 웨이브를 보여준다.

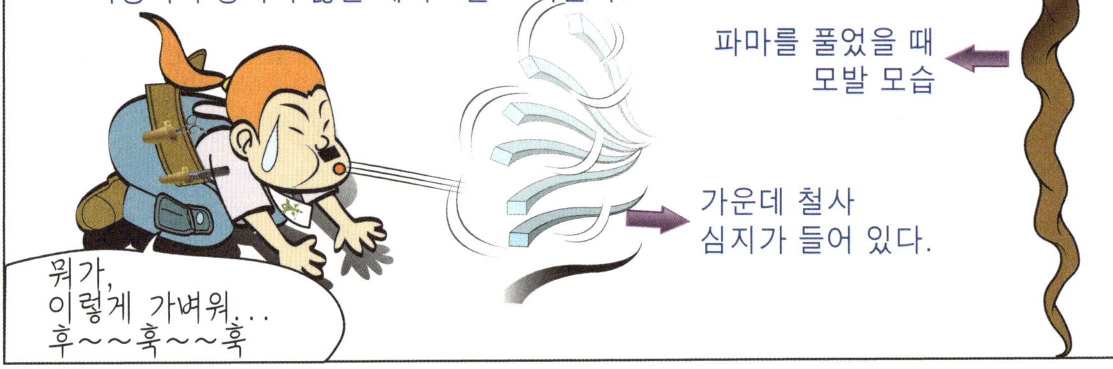

⑥ 땋기(브레이드)펌

로드가 필요없이 모발을 원하는 모양으로 땋은 후 핀컬핀으로 고정시키기 펌1제를 발라 랩을 씌우면 그 후는 일반 펌과 처리 과정이 같다..

⑦ 스트레이트 펌

퍼머에 싫증이 났을 때 기분전환이 시키면서 많이 한다.... 크림약 속에 영양분을 넣기 때문에 모발손상을 줄이고 윤기를 줄 수 있다. 하지만 열을 사용하기 때문에 주의가 필요하다....

⑧ 다이렉트 펌(Direct perm)

나이아가라라고도 불리는 이 펌은 특이한 클립형(합체형)을 사용해 머리숱이 적은 사람들에게는 숱을 많게 보일순 있지만 모발 손상도가 좀 높은 편인 것이 단점으로 남아 있다....

⑨ Z펌(z-perm)

z펌은 다이렉트보다 웨이브가 폭이 넓으면서 약간 부드럽게 이어준다.. 단점으로 엄청 무거움

⑩ 살짝펌

다이렉트와 비슷하지만 꺾이는 부분을 좀 더 부드럽게.. 완화시켜 모발 손상을 최소화했다...

⑪ 핀컬펌(pin curl perm)

로드 대신 핀을 이용하여 C컬 정도의 웨이브를 얻고자 할 때 사용한다.

⑫ 볼륨매직 스트레이트펌 (Volume magic straight perm)

볼륨매직 스트레이트는 톱(Top)부분과 사이드(Side) 부분을 살려 전체 볼륨감을 살려 자연스런 생머리 느낌을 주며 모발 손상도 많이 없다. 하지만 모발이 가늘거나 약하면 원하는 만큼 볼륨감을 얻기가 힘들다.

⑬ U자형과 V자형 펌(U-Type perm V-type perm)

전용 로드도 있지만 철사나 스틱을 이용해서도 할 수 있다.

이렇게
많은 펌
종류가...
있지만..
계속 새로운
펌 종류들이
나와 미용계를
발전시키고
있는겁니다.
학~ 학~~
⑭ 바디 펌 굵은 파마를 시술하는 것을 말함.
⑮ 믹스 펌 머리 부위별 디자인에 따라 제각각 하는 펌
⑯ 코팅 펌 1제에 원하는 색을 넣어서 하는 펌
⑰ 발렌타인 펌 우산살 모양 기구로 사용하는 펌
⑱ 클리닉 펌 모발 손상도가 심한 사람에게 퍼머전 특수영양제를 침투시켜서 머릿결을 좋게 하는 펌
⑲ 클리닉 매직스트레이트 펌 기존의 매직스트레이트의 단점을 보완 특수영양제를 투입하여 시술함
자기야..근데있잖아.
혹시... 이런 펌도
있다는 것
들어봤어??
가발언제..
썼지?
으..응??
어떤펌...??
바로 이것..
볼펜펌
이라고...
아는지..
모르겠네...
글쎄..볼펜..펌..이라
그런..펌이
어디 있었던가..
첨..들어보는
얘긴데..
끼~낄~낄
잘 모르는게
당연하지...
왜냐면
학교..
다닐 때
우리..
여학생..
들이 장난
으로 많이
했으
니깐...

어떻게...
하는고..하니
우선 필통에서
볼펜을 있는데로
꺼내서...
없으면
연필로도
할수있지
호~~
그런게..
있었어..
재밌
겠네..
연필로 혹은 볼펜으로 아이들
머리를 재주껏 감고서는
따뜻한 난로 앞에서 점심시간을 보내고
나면....
까~르르르
조잘~ 조잘~ 조잘~ 조잘~
찌~~ㄹ르릉
머리를 풀자...
바로 수업시간이...
그 다음은 상상에..
맡기지...
깔깔깔~~~
깔깔깔~~~
야~~김점숙 니
머리 꼬라지가
그기
뭐꼬 어이???
흡~~
호호호

우헤헤헤~
재밌네...
우..습..지..
....
우린 천생 연분인가봐
실은 나도 어린시절 비슷한
경험을 한 적이 있걸랑...
비슷한
경험?
어린시절...
부엌에서....
쇠젓가락을 불에
달구어 머리를
감다가..그만....
치~~지~칙
짝궁 숙에게
잘 보여야지
짱~~아~
화~
뜨..
뜨..거..
지금도 그때에...
흉터자국이...
이등병...
계급장으로..
남아
있지..여기
..크..크..
그러고..보니..
어릴 때부터 다분히
끼가 있었네..
호호호.......
쳇!
둘다..
오십보...
백보...
구먼...

그러고빈, 플라스틱, 스펀지, 철사, 볼펜, 젓가락 등등.. 펌 도구가 무궁무진 하네...
저기요.. 제가 개발한 쇼킹한 새로운 펌 소재를 개발했어요....
"톡" "톡"
끝날 때까지... 조마조마 해야 하는 스릴감, 그리고 스트레스가 확 풀리는 펌이거든요..
어떤.... 펌인데요?
응급차를.. 대기시켜놓고 시작... 해야하는 펌 인데요...
거~참! 말돌리지 말고... 얘기해요.

휴대용 가스통으로
파마로드로....
사용하는건데...
긴머리에
적당하고..
뭐~야....
저건...
어머머...
저저저...
뜨거운....
드라이 바람을
쐴 때... 긴장되는
그 기분은...
왱~
딱~딱
지금 당신...
제정신이야...
우~~~

잡았~다!
정신과 탈출
1시간만에
이곳까지
오다니...
미스김
"꽉"
잡아...
어쩐지...
이상타
했어...
정신과
탈출...
.......??
싫어 안 갈거야~
놔~~놔란 말야
하하하하...
깜짝놀랐네..
웬 엽기적
펌인가..
했어...
근데...
자기야??
펌을 할 때 캡을
씌우는 이유는
뭐야?
비닐캡
그건 말이지....
제1액이 모발 중의
시스틴결합을 절단...
하기 위해서 공기 중에서
산화되는 걸
막기 위해서야...
흐으...
그런뜻이
캡은 공기와 제1액
접촉을 막는 역할을
하며 열을 밖으로 뺏
기지 않게 한다.

펌 완료 시에 테스트 컬을 해야 하는데 이때 로드에 감은 모발을 한 바퀴 반 정도 풀어 탄력을 시험하며 모발을 완전히 풀거나 늘어지지 않게 하는 게 좋습니다.
Test Cual
탱~
탱~
너무 세게 잡아 당기지 않는다.
로드를 푼 후에 물 세척은 꼭 미온수로 세척해야 합니다. 뜨거운 물은 웨이브가 늘어나거나 탈색이 될 수 있으므로 주의합니다..
탈색주의!
Test Cual
어머머~ 내 머리 색이 이상해....
또한...퍼머 후 2~3일간은... 샴푸를 하지 않는 게 좋으며 퍼머약 냄새가 나지 않게끔 헤어로션 및 방향제를 적절히 사용합니다...
깍~
모기약을 왜 뿌려요...
탈색주의!

① 세정제

세정제로는 샴푸제(hair shampo)와 린스제(hair conditioner)가 있으며 샴푸의 주된 기능은 모발과 두피의 때와 오염을 깨끗하게 씻어 모발과 두피를 건강한 상태를 유지하고 모발의 손상을 막는 것이다.

린스는 비누의 불용성 알칼리 성분과 금속성 물질을 제거하며 펌 후에 모발의 pH를 약산성으로 유지시켜 화학작용으로 거칠어진 모발에 보호막을 형성해 모발표면에 윤기와 부드러움을 준다...

② 양모제

부족한 영양공급을 보충해주는 트리트먼트(treatment)제로써 Lpp(low polypeptide)와 ppt(poly peptide)를 말한다.
사용 시에는 모발에 크림트리먼트제를 10~20g 정도 듬뿍 바르고, 스팀타월이나 스티머로 가온하면 된다..

이밖에 양모제로서는 헤어크림과 헤어오일이 있는데 헤어크림은 유화제로 사용감이 비교적 산뜻하며 컨디셔닝 효과는 물론 보습효과도 있다. 헤어오일은 모발에 유분을 공급하여 광택을 내며 주로 식물유(동백기름, 올리브기름)광물유(유동파라핀)를 주성분으로 많이 애용되어 왔으나 요즘은 많이 감소하는 추세이다.

③ 스타일링제(styling products)

스타일링제는 매력적인 모발, 그리고 맵시 있는 스타일로 마무리하기 위해 모발을 고정시키거나 이미지 연출을 해주는 제품이다. 현재에도 많이 사용되는 왁스, 세팅력이 강한 스프레이 거품제 무스와 세팅력은 약하지만 머리에 보습을 충분히 주는 글레이즈, 건조시에 탄탄한 형태를 만드는 젤 영양 공급하는 헤어로션 머리의 원할한 빗질을 할 수 있는 투페이스.... 등으로 이루어져 있다.

이번엔 열펌에... 대해 그 종류와 장단점을... 간단히... 알아볼까요..
화~ 르~ 르~~
① 매직펌 앞에서도 다루었지만 모발손상(끊어짐)이 크기 때문에 조심하여 시술해야 한다.
악~ 머리가, 끊어졌어...

② 아이론펌 주로 짧은 모발에 많이 사용되며 호일 등을 사용해 자연스런 펌을 연출하기도 한다... 뿌리 부분 볼륨을 살리기에는 적당하여 짧은머리 남성들에게 인기를 얻고 있다.
싸나이
남성퍼머 전문점
싸 나 이
저기요... 나이론뽕 해주세요..
하하~~ 나이론뽕이 아니라 아이론 펌이겠지요. 평소 나이론뽕을 즐기시나 봅니다...그리고 그건 일본말입니다..

③ 세팅펌 항상 빗질 후에 컬을 손으로 만들어야 하는 불편은 있으나 탄력 있고 아름다운 굵은 모발 연출에는 제격이다.. 2제 처리 시에 로드아웃 후 2제를 도포하고 다시 컬링로드를 와인딩 해줘야 한다. 시간이 지날수록 웨이브가 우아해진다.
에구.. 이쁘기도 하네.... 나도 한때는 저런 날이... 있었지...

④ 디지털펌

세팅펌과 일반 펌의 혼합으로 사용 로드에 모발이 말린 상태로 1제 처리가 가능하며 편리하며 모발 길이에 상관없이 사용된다. 뿌리부터 컬이 형성되어 볼륨을 살리기가 편리하다.

⑤ 원더마샬펌

S컬, Z컬, C컬 모두 구사할 수 있는 펌이며 손잡이를 360° 회전시킬 수 있다.

※ 마샬과 아이론 온도 설정

모발상태	마샬	아이론
건강	110° ~ 120°	95° ~ 100°
염색모	100° ~ 110°	85° ~ 95°
극손상모	90° ~ 100°	70° ~ 80°
뿌리부분만 아이론만 사용		120° ~ 130°

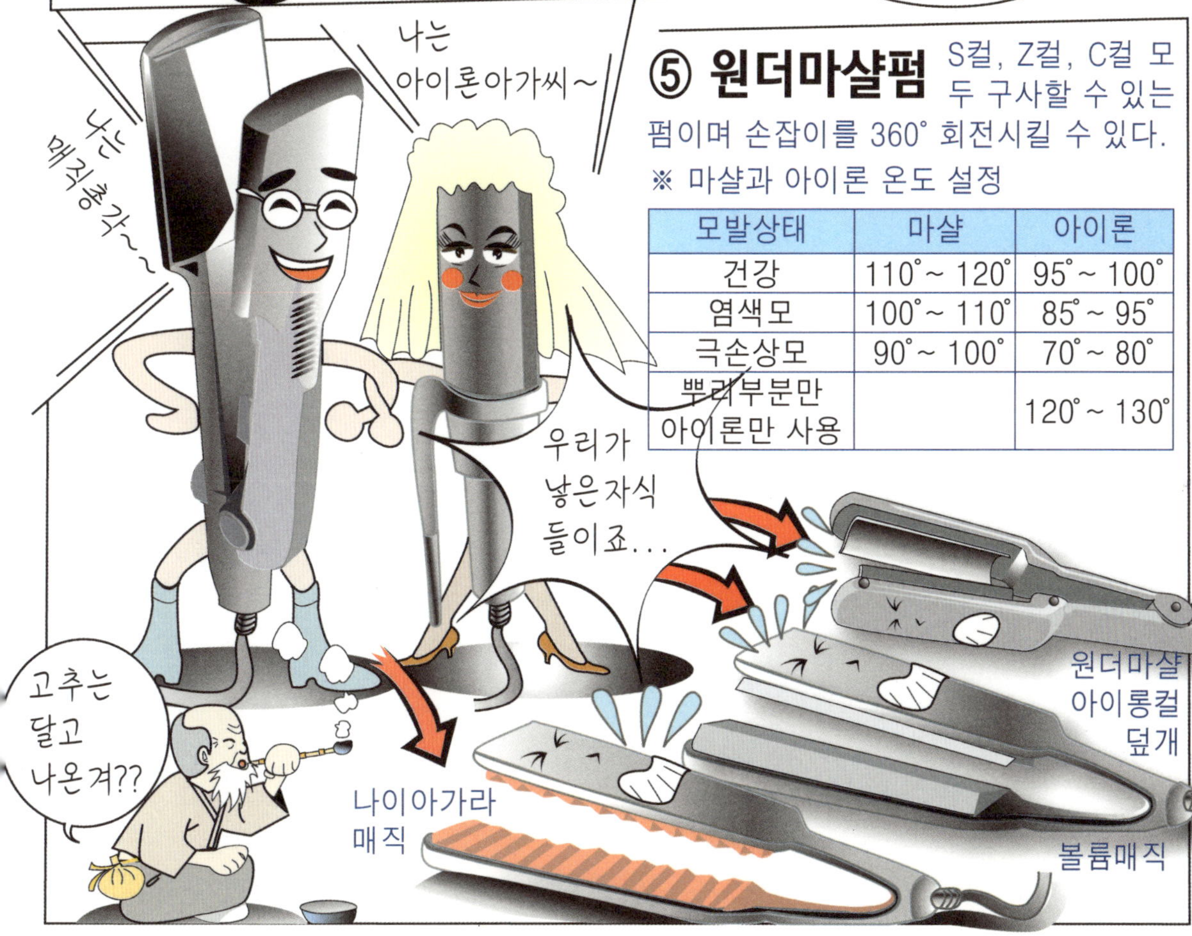

지금부터는 펌을
하고나서 클레임이
걸리는 경우를..
전화로 상담
받겠습니다....
오우..전화번호를
가르쳐 주기도 전에
전화가 왔습니다...
허~~참 만화가 양반
심질도 급하군...
RRRRR
끄르..륵
네...
장헤어
입니다..
안녕하세요!
이렇게 만나뵈어 반가워요...
퍼머 후 모발색이 변했는데..
왜~~그런가요?
꼴~~꼴~
아~하...
그건 말이죠..
퍼머 후에 모발을
충분히 헹구어 주지
않은 채 드라이 등
열기구로...
처리했을 때
일어날 수 있는
현상입니다.
쏴...
충분히
헹군다???

다음분...
여보세요..
안녕하세요.!
네..반갑 어..유..~~
퍼머 후에 모발이...
뿌리 부분에서
끊어졌시유...
대체 워케되어서
그런당가유???
아~하 그 이유는 말이죠.
대부분 퍼머 1제에 의해 연화된 모발이 강한 고무줄
탄력에 의해 절단된 경우입니다. 특히 모발이 손상모
이거나 약한 사람들에게는 주의가 요망되지요. 이러한
사고를 방지하려면 와인딩 후 너무 오래 방치시키지 말고
중간 세척을 해주어 1제가 고무줄과 모발 사이에서 깨끗
하게 제거되어야 합니다...
즉...
바로 이런
경우랍니다.
모발
제1제
고무줄
다음분~~
여보세요
아네네...
반갑습니다..
있잖아요!!
퍼머 웨이브가 너무 세게 나오거나
너무 약하게
나왔을 때는 어떻게
대처해야 하며
왜 그런... 현상이
생기는
겁니까?

첫째 : 웨이브가 너무 강하게....
나왔다면 원하는 컬에 비해 작은 로드를
사용했다든지 강한 퍼머액을 사용했을 시
이런 현상이 일어난다.. 대처 방법은 퍼머액으로
가뿐하게 풀어주며 이때 스트레이트
크림은 사용 않는 게 좋습니다...
파....
파마가..
너무 강하게
..나왔어..
어요....
싫어요..잉~~
용수철같은
웨이브는 싫어요
둘째 : 웨이브가 너무 약하게 나온 경우는 너무 굵은
로드를 사용했다든지 모발 상태에 비해 약액이
약한 경우 충분히 도포가 되지 못했을 때 1제를
바른뒤 시간을 너무 적게 두었을 때 중화제를
충분히 바르지 않은 경우에서 나타나는데...
대처 방안은 순한 약으로 다시
와인딩하고 프로세싱 타임을
반으로 줄여서
다시 펌을
합니다....
너무..
약하군요...
다시펌...
합시다
다...시...
또...해요??
아~
다음 전화
주신 분.
......
그러니께.. 퍼머를 허고 나면 너무나도 쉽싸리
풀러징께로 답답하고 미치지라....
뭣땀시 그렁가 하고
전화했슈...
나가..도통
그 이유를
모르겠다...
이말이여...

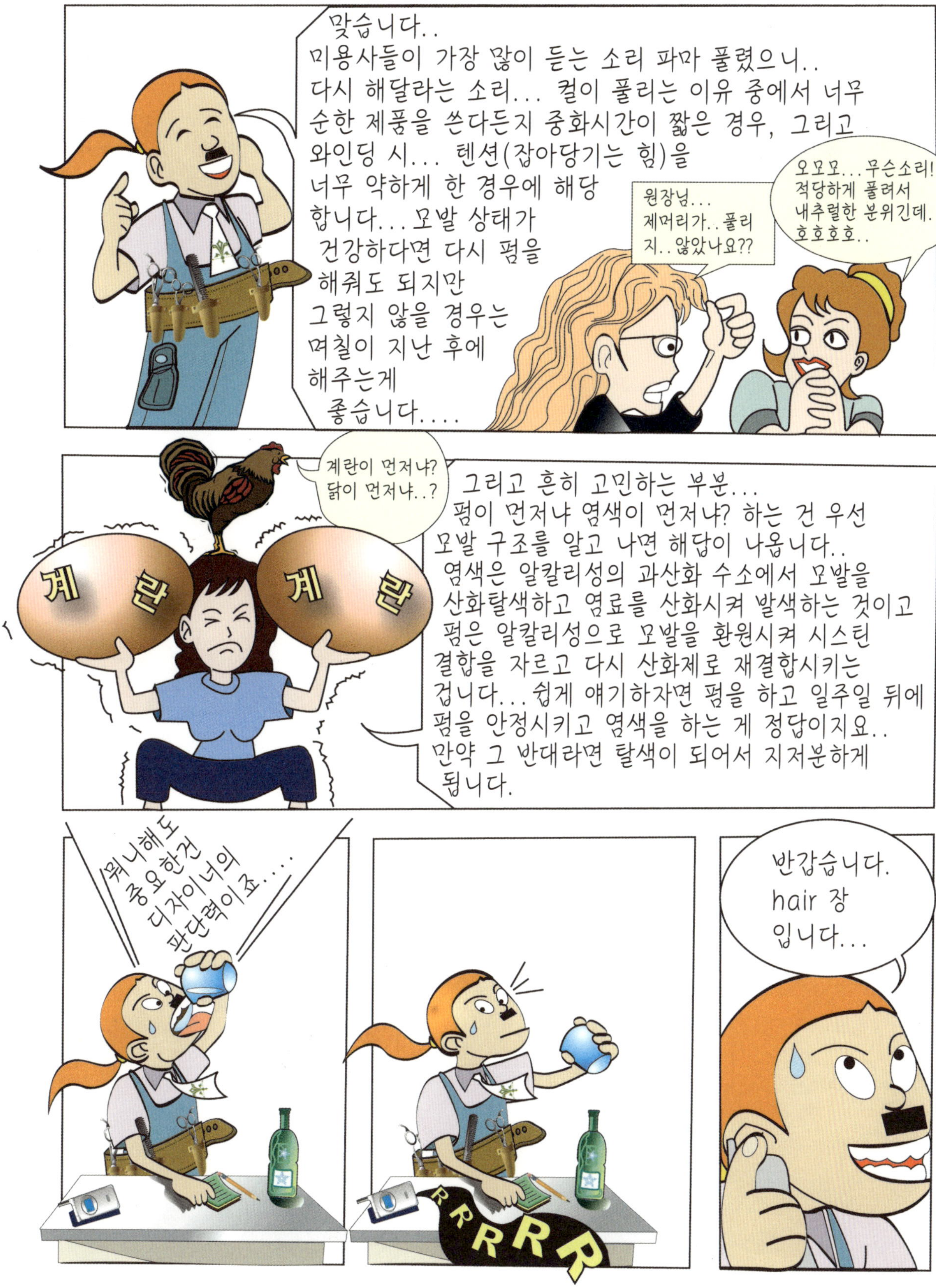
맞습니다..
미용사들이 가장 많이 듣는 소리 파마 풀렸으니..
다시 해달라는 소리... 컬이 풀리는 이유 중에서 너무 순한 제품을 쓴다든지 중화시간이 짧은 경우, 그리고 와인딩 시... 텐션(잡아당기는 힘)을 너무 약하게 한 경우에 해당합니다...모발 상태가 건강하다면 다시 펌을 해줘도 되지만 그렇지 않을 경우는 며칠이 지난 후에 해주는게 좋습니다....
원장님... 제머리가..풀리지..않았나요??
오모모...무슨소리!! 적당하게 풀려서 내추럴한 분위긴데.. 호호호호..
계란이 먼저냐? 닭이 먼저냐..?
계란
계란
그리고 흔히 고민하는 부분...
펌이 먼저냐 염색이 먼저냐? 하는 건 우선 모발 구조를 알고 나면 해답이 나옵니다..
염색은 알칼리성의 과산화 수소에서 모발을 산화탈색하고 염료를 산화시켜 발색하는 것이고 펌은 알칼리성으로 모발을 환원시켜 시스틴 결합을 자르고 다시 산화제로 재결합시키는 겁니다...쉽게 얘기하자면 펌을 하고 일주일 뒤에 펌을 안정시키고 염색을 하는 게 정답이지요.. 만약 그 반대라면 탈색이 되어서 지저분하게 됩니다.
뭐니해도 중요한건 디자이너의 판단력이죠....
RRRRR
반갑습니다.
hair 장
입니다...

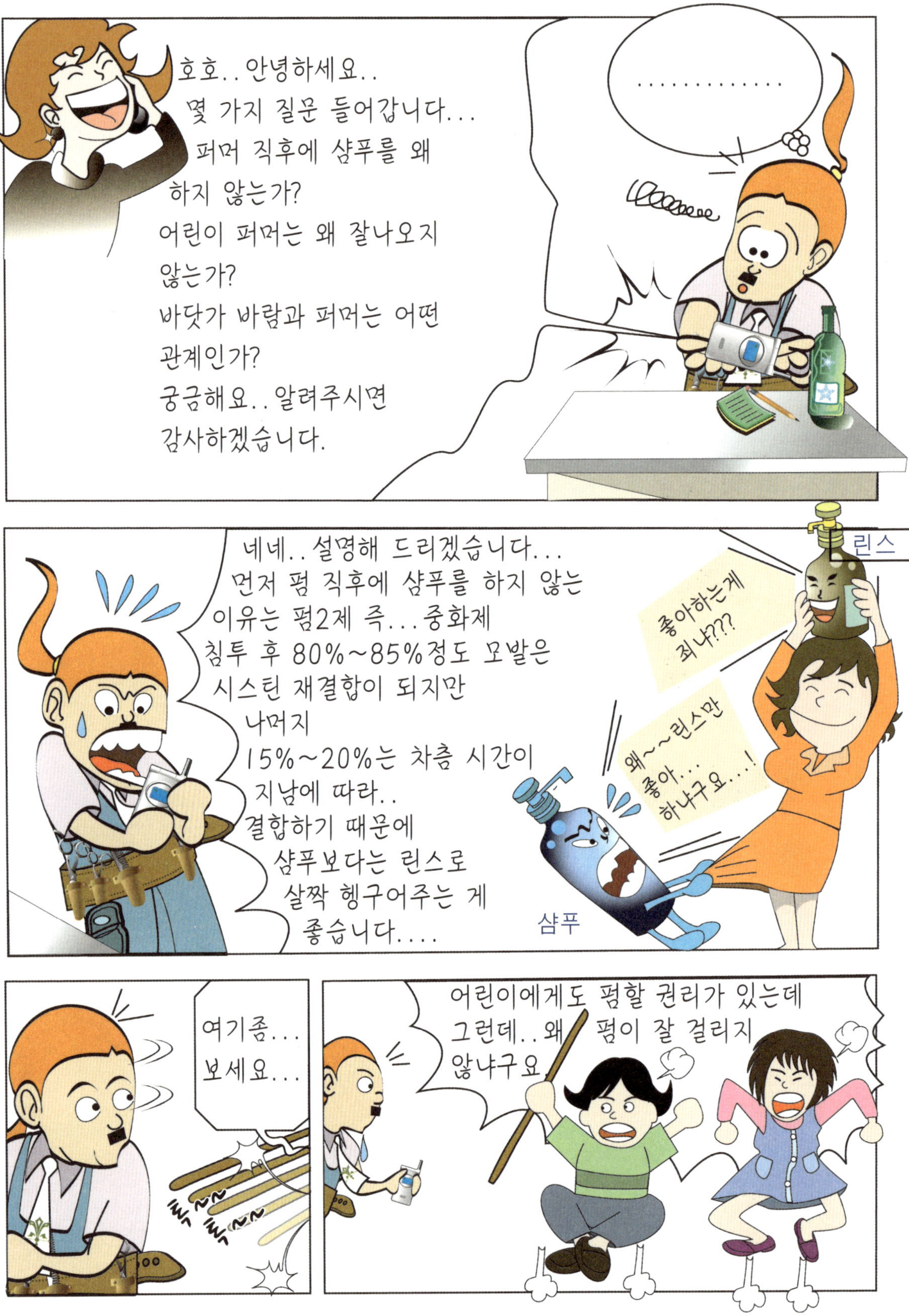

호호.. 안녕하세요..
몇 가지 질문 들어갑니다...
퍼머 직후에 샴푸를 왜 하지 않는가?
어린이 퍼머는 왜 잘나오지 않는가?
바닷가 바람과 퍼머는 어떤 관계인가?
궁금해요.. 알려주시면 감사하겠습니다.
....
네네.. 설명해 드리겠습니다...
먼저 펌 직후에 샴푸를 하지 않는 이유는 펌2제 즉... 중화제 침투 후 80%~85%정도 모발은 시스틴 재결합이 되지만 나머지 15%~20%는 차츰 시간이 지남에 따라.. 결합하기 때문에 샴푸보다는 린스로 살짝 헹구어주는 게 좋습니다....
린스
좋아하는게 죄냐???
왜~~린스만 좋아... 하나구요...!
샴푸
여기좀... 보세요...
어린이에게도 펌할 권리가 있는데 그런데..왜 펌이 잘 걸리지 않냐구요.

허허..그렇지....맞아..맞는 말인데..
어린아이 모발은 시스틴의 함유량이
너무 적기 때문에 시스틴 절단결합
시에 퍼머웨이브 형성이 이루어졌다.
해도 쉽게 풀리는 경향이 있기 때문에
로드 선택 과정에서 한 단계 적은
것으로 정하고 피부가....
약하므로 강한 퍼머액은
주의가 필요합니다.....
앙~~앙
시스틴이
부족하데..
나 그것먹고
퍼머할래..
그..그건..
사서 먹을 수
있는게..
아니야...
마지막...
질문 하나가
뭐...였...
었...지???
바닷가..에서
어쩌고...한 것
같았는데..
저 머리로..
어떻게
강사가
되었지??
해안지방은 햇볕이 강하기 때문에
자외선에 의해 모발의 시스틴 결합이
절단되어 1제를 발랐을 때 반응하는
부분(결합)이 적기 때문에 컬 형성이
쉽지 않습니다.. 그리고 바닷바람에
염분이 있기 때문에.. 펌 전에
충분히 샴푸하고
1제를 바릅니다....
옳거니!
바닷바람과
펌 관계를
물었지
치~
치
익~
에구..머리카락이
왜 이리도...
뜨겁냐..으..으..

지금까지..여러분은...
펌(prem)에 대해 그 쓰임새와
문제점을 함께...얘길
나누었죠....
왔습니다...
왔어요...
뭐가와?
........??
자장면 시켰죠?
자기...
혹시..??
그래..내가 시켰어!
다 먹고 살자고 하는
짓인데...나..지금
배고파 사망직전이야..
미안해..자기
조금있다가..
이것보다 더
맛있는
요리...
사주려고
했는데..
후르룩~
짭~~
짭~
무슨소리...
배고프면 자장면
만큼 맛있는 게
또 어딨어...
그리고 신혼 때
돈 모아야지..
언제 돈모을려고

RRRR
네..어떤 문제점이... 있나요??
fjkldsslljnvjsjgajjrlmlciqpx.r jfrqjjue6#kzrmsldwgjdm kkx,rrl fkdgftjmsjm,tkel gkldtkkkxkgwtalfzjqlms qqjirzixfoodtjx.ppee;jllmzzl,k
무슨.... 전환데.. 그래??
응~~다음 순서 헤어컬러링을 빨리 하자는 전화야...
치~~ 먹을 땐 개도.... 안 건드린다는데..
개가 아니니깐.. 건들였지.. 킥킥...재밌네..
쩝쩝~~
단무지 몇 개에 저런소리까지.. 들어야 하나... 아..슬퍼..
단무지

제5장 헤어 컬러와 이미지 연출

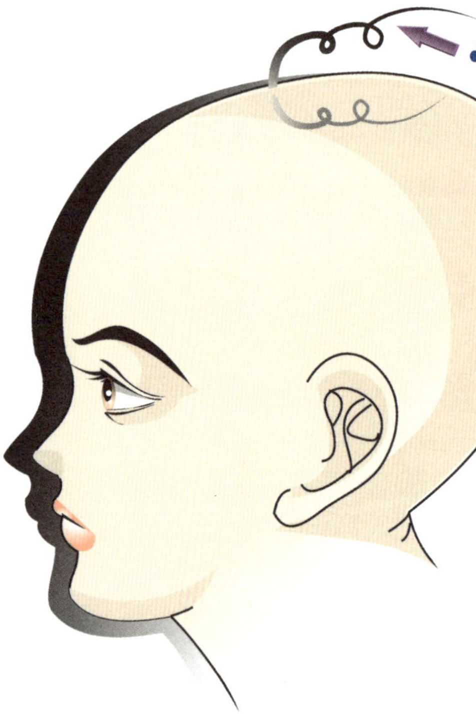

♣ 한가닥 머리카락조차도....
그 그림자를 만든다.

-괴테-

여러 직업에 따라
혹은 환경에 따라 자신을
표현하는 외모의...
중요한 부분이...
머리카락
이라는 것..
당연한
얘기죠..
저...흑인이
뭐라고
하는 거야.
태양열...
때문에 자기
네..머리칼이
곱슬머리라고
하네.
예를 들어..
검은색 계통은 무거운
색을 필요로 하는
직업인들일 것이고
시원.. 상쾌하고
밝은 느낌을
필요로 하는 직업이
있겠지요..
무거운색 계통
밝은색 계통
경호원 경찰
아나운서 CEO
가수 탤런트 모델
술집 서빙맨
온도감을...
느낄 수 있는
색으로는..
난색 계통
그리고
한색계통
중성색 계통
이 있으며....
앗~~뜨거
우리는 따뜻한
계통색이다...
쉬어~
우리는
차가운색
계통이다..
전체...
차려~

앞에서도 말했듯이
가장 고명도일수록
가볍게 느껴지고
저명도일수록
무게감이
온다
이거죠.
팍팍~
오~옷
몸이 날아갈 것
같이 가벼운
이 느낌...
흰색
검정색
흐~~미
몸이 왜 이리
무거워...
처진다...처져
으...으

그래서 딱딱하고 부드럽게
느껴지는 것은 색의 채도 및
명도에 따라 결정됩니다..
즉...한(?)색계의 저명도
고채도는 딱딱한 느낌을 주며
난(?)색계의 저채도 고명도
이면서 무채색이 많이
혼합된 것은
부드러운
느낌을..
주지요....
땅~~땅
푹신~
푹신~~

지금부터...
가장 기본적 색상
10개를 가지고
그 색상의 성격 그리고
이미지를
알아봅니다.
빨, 주, 노, 녹, 파, 보, 갈, 흰, 희, 검
강, 황, 랑, 색, 랑, 라, 색, 색, 색, 정
쨍~
퍽~~~

빨간색
빨간색은 불, 피, 정열, 흥분 공포 등을 나타내며 자기주장을 강하게 어필하는 활동적 색이며 모든 가시적인 색 중에서 가장 느린 진동파를 가지고 가장 빠르게 감정에 접근한다....
주황색
주황색은 빨간색에 비해 느낌이 약하지만 활동적, 창조적, 적극적을 강조하며 온화하고 포근한 느낌을 전달한다.
이녀석.. 말이야 활동적이고.. 적극적이야
허.. 이사람 닮은.. 갈색계통 이라네..
꼬꼬댁~ 난... 주황색이 아니야.
노란색
노란색은 청순, 유아틱, 명랑, 화려함, 봄, 젊음 등으로 불리며 부를 상징하기도 한다..
금을 어디쓸지 고민하다... 집에다 바르기로 했습니다 음.. 하하하...

검정색
으~~아~악
살려줘...
검정색은 빛이
사라짐을 말하며
죽음, 밤, 불안, 침묵
등을 연상케 하며
반대로 상류사회에서
사치를 상징하여 쓰이기도
하고 모든 색을
흡수할 수 있다.
회색
흰색
검정
색
나는 검정색도
흰색도 아닌
회색인간이다..
박쥐
같은놈
네가면을
벗겨
주마
갈색
시몬...
너는 들리느뇨..
저 낙엽구르는
소리가..
갈색은 노랑과 빨강의 중간인 중성색이다.
가을, 낙엽, 돌 등의 자연적 이미지를
연상시키며 갈색이 지나치면 단조로움을
줄 수 있다.
흑~흑~
미안해요
신연씨
전..솔직히
동전구르는
소리가..
더 좋아
요..

흰색
아이~참! 할머니 그건 투명한 유리에요.. 유리..
흰색은 모든 색들의 혼합이라 할 수 있다. 단순함과 순수함, 깨끗함, 청렴결백을 상징하며 지나치면 공허감.. 지루함을 느낀다.
이 색깔이 흰색... 맞~쥬...
아항~ 지겨워 파란색 눈은... 안오나??
녹색
숲, 평화, 여름, 안정, 희망, 등을 나타내는 녹색은 편안함 혹은 휴식을 표현하지만 정신적 요소가 짙어 냉정과 이성적 이미지로 나타내기도 한다..
야호!
에~~휴 저 인간들 또 왔네... 우리애기... 이제 잠들었는데...
파란색
파란색은 바다.. 하늘.. 같은 대자연 색을 나타내며 청초함을 나타낸다.... 파란색은 지극히 차가운 감정을 나타내며 노동자들의 색으로 나타내기도 한다...
엄마! 하늘은 무슨 색깔이에요?
파란색 이라고.. 몇번 얘기.. 해야 알겠니..
엄마! 하늘이... 붉은색 인데요?
....

보라색
신비함, 마술, 우아함, 화려함, 풍부함 등을 나타낸다.. 정신적으로 최고점의 권위를 상징하고 극기심, 창조성 등으로 표현하며 속임수, 헛수, 비밀 등 부정적 색으로도 나타낸다...
수리수리~ 마술이... 얍~
이상으로... 기본 색상 10가지를 분석 해보았습니다. 다음은 색의 대비를 알아볼 차례입니다. 자~ 여기 여러 가지 색상이 있습니다...
우리가.. 몇 가지 색을.. 동시에 볼 때 색들은 상호 작용함으로써 모호한 현상이 나타나는데 이것을 색의 대비라고 합니다...
자... 이 별을 보고 옆에 색을 보면 별의 잔상이 겹쳐 보이죠.. 바로 이겁니다...
새가.. 실례를....

동시대비
이 두 가지 색을...
동시에 봤을 때 생기는
현상을 동시대비라고 하며
실제로는 복합적으로
나타나지요..
시선을 한 점에 고정시
키려는 현상이 일어나기
때문에 눈이 상당히
피로를
느낍니다.
연한노랑
짙은파랑
연한노랑
노랑
색상대비
같은 색
주위의 색에
영향을 받아...
다른 색으로 보이는
현상을 색상대비라고
하며.. 시선을 집중시키는
효과가 있습니다...
연한주황
짙은주황
연한주황
짙은남색
명도대비
밝고 어두운
색의 명도에 의해
또 다른 명도로 보이는
색상을 "명도대비"라 하고
무겁고 가볍고 어둡과
밝음의 차이를 느낄 수
있지요..
연한
파랑
아주 옅은
파랑
연한
파랑
아주 짙은
파랑

채도대비
또한, 채도대비란
주위의 색의 채도에
의해 높고 낮은 채도로
보이는 것을 말하며
무채색과 가까운 유채색은
훨씬 맑은색으로 보이며
중간색을 그 색과 같은
색상의 밝은 색을 비교하면
탁한색으로 보여집니다...
보색대비
미용실에서
가장 많이 쓰이는
보색대비입니다.
색상대비와 비슷하며
서로 채도가 높게 보이는 것을
말하며 고채도일 때는 강하게
나타나고 채도나 명도가 약해
지면 대비 현상도 약해지지요.
화르르~~
아이고~~
위는 뜨겁고..
밑은 차갑고..
이거..환장
하겠네...
한난대비
따뜻함을 느끼는 색
차가움을 느끼는 색을
대비하는 효과를
한난대비라 하며
원근감을 형성하는데
많이 쓰인다고 합니다...
얼~
얼~

색의 대비는...
미용을 하는
사람이라면
누구나가 기본으로
알고 있어야 하는
일부분이지요...
그렇다면...
머리의 컬러만
예쁘다고
모든 게...
완벽한 걸까요?
쭈우욱~
"컷"
이봐~방울양
헤어스타일이
한복과 안
어울리잖아
아니죠..
아니죠..
적어도
미용인이라면
토털헤어 패션을
관리해야 제대로
하는 겁니다..

다시 헤어컬러링으로
돌아와서 얘기
하겠습니다.
혹시 손님 중에
헤어블리치와
헤어염색의 차이를
묻는다면..
당신은 어떻게
대답하겠습니까?
블리치와 염색의 차이를
알기쉽게 설명해달라..
이겁니다..
그게...
그러니깐..
그...저..
깍꿍
Hair

헤어블리치는...
산화제의 작용으로
모발의 멜라닌색소
를 분해하여 색을
빼낸 것이고..
헤어염색은...
염색약(화학제품)
으로 색을 모발에
착색시키는..
것으로 헤어틴트
라고도 합니다...
깍꿍 원장님...
이상입니다!!
그러니까...
헤어블리치는
산화제의
작용으로...
어쩌고..저쩌고..
조잘..조잘..
아~
네...
그렇군요.
깍꿍
Hair

60%
(주요성분)
과산화수소수
염색약
(주요성분)
p-톨루엔디아민(흑갈색)
p-페닐렌디아민(흑색)
p-모노니트로-p-페닐렌디아민(적색)
p-아미노페놀(다갈색)
O-아미노페놀(황갈색)
블리치 가루
(주요성분)
과항산 암모늄
과항산칼륨
2액
(주요성분)
과산화수소수

헤어 컬러링은...
유행 스타일만
찾기보다는 본인의
얼굴형과 피부톤에
맞는 것을 선택해
장점을 알리고
단점을 최소화
시켜 주는 것...
그것도 또한
미용기술의 한
부분이겠지요...
난..70대 할머니야..
머리색이 이게 뭐야..
그렇게도..내 머리에
불지르고 싶냐~~

그리고..컬러링
색깔은 계절에 따라
다양하다는 것
알고계시죠?
봄........여름.....
가을......
그리고....
겨울...
Hair book

봄을...
표현하는
헤어컬러는
이렇게...
느껴집니다...
ZZZZZ
에고...
나른하다...
봄의 이미지는 생동감이 넘치고 경쾌하며
톡톡튀어서 하늘을 날아갈 것
같이 가볍다. 헤어색은
소프트브라운, 다크브라운,
레드브라운, 미디움브라운,
등의 색이 잘 어울린다...
야~호...
말로 표현
할수없는
이 가벼움..
호..호..호

무더운 여름 헤어컬러는?
더운 여름은 강렬한 태양을 이미지로 무채색이나 강한 순색에 가까운 색이 어울리며 때론 밝은갈색, 밝은황갈색, 재금빛황갈색 등을 권장하고 싶다..
퐁~~
얘~ 머리에 그게뭐니!!
응..이거..이번 여름에 선글라스를 머리에 썼더니... 자국이..
쓸쓸한... 가을
결실의 계절 가을색은 자연 색깔과 어울리게 다크브라운, 미디움브라운 골든브라운 등 브라운 계통이 잘 어울린다.
정숙아! 너 남자와 정말 헤어졌어?
흑...흑... 내머리색이 가을 이미지와 맞지 않대..
추운 겨울..
온 세상이 흰색으로 덮여 있을 것만 같은 겨울 이미지는 빛을 흡수하여 따뜻한 헤어컬러를 표현하는 게 좋다... 다크브라운, 실버그래이, 블루블랙, 블랙, 등이 어울리는 색이다..
행님아! 따뜻 하제?
하모..하모.. 우린까메서.. 겨울엔... 따뜻한기라..
너네들... 남극에서 살아봤어? 안살어봤음... 말을말어...
나두야... 검다..

다음은... 이미지연출에 대해서 한번 알아볼까요... 알아두시면.. 많이 쓰일 겁니다...
이미지 연출
자기야! 오늘 내 링컨셉 어때?
응~~ 좀... 무서워!
쩔렁~
쩔렁~
엘레강스.. 이미지는 어떤 표현 일까요?
우아하며 고상한 이미지 여성의 최상급 아름다움을 말하는 것으로.. 헤어컬러는 회색빛, 붉은 계열이나 보라계열이 어울리며 부분 염색을 색대비가 약한 은은한 그라데이션톤으로 배색하고 모발 길이는 목과 어깨 정도가 좋다...
엘레강스
우와~진짜 엘레강스한 스타일이네...
진짜... 엘레하고 강스하네...
피~~ 촌스럽기는
내추럴 이미지는?
자연과 조화하며 그 속에서 풍겨나오는 형태 즉 흙, 나무, 풀, 물 등의 이미지로 부담이 없고 편안한 느낌과 따스한 인간미가 돋보인다.. 롱헤어스타일 또는 업스타일이 어울리며 헤어컬러는 노랑색과 주황계열의 불규칙적 형태가 적합하다..
전... 내추럴이.. 좋다니깐요...
오우~ 꾸리 꾸리한 냄새좋아...
왱~
엘레강스
Natural
이넘아~~ 제발 수염이랑 머리털 좀... 깎아라.. 잉~~
왱~
파리 친구들아 모여라~

로맨틱한 이미지는 어떤 이미지 일까요?
낭만적 깔끔하고 부드러운 이미지로 우아하고 귀여운 소녀 이미지가 함께 풍기는 느낌으로 색으로 표현하면 핑크색깔이 대표적인 색깔이다. 헤어컬러는 밝은색 톤이 적당하고 부분 컬러는 대비가 강하기보다 약한 쪽을 택한다... 그리고 웨이브가 있는 긴머리 또는 묶거나 땋은 머리가 어울린다.
로맨틱 오빠 난 오빠가 너무 좋아!! 호호호..
이게 자꾸만 로맨틱 이래.. 내 이름은... 노면택이라니깐....
클래식은.. 듣기만해도 맘이.. 편하죠.
전통과 고전을 바탕으로 고상하고 정숙한 이미지를 강조하여 정통성을 표현하는 것이 클래식 느낌이다..주로 어두운 갈색 또는 블랙계열색을 많이 쓰며 밝은 갈색을 쓸 수도 있으나 부분 색은 피해야 한다...
나도... 클래식하게 기어가고 있답니다.. "헉" "헉"
캐주얼 이미지란?
활동적.... 자유로운 분위기 밝은모습 명랑하고 쾌활한 이미지를 말하며 헤어컬러는 전체를 염색하기 보다 부분 색대비가 강하게 나타날수록 느낌이 크다
앞다리가 쑤욱~
???
뒷다리가 쑤욱~

댄디 이미지... 어찌 느낌이 좀 긍정적 같지않나요.. ...댄디...댄디...댄디... 된다...된디...되는디. 크...크...크
세련미 넘치는 남성에 대한 이미지 지성미 야성미가 믹스된 활동적... 표현을 말한다.. 너무 형식에 얽매이지 않는 고풍스런 헤어스타일이 제격이다...
아뵤~~
액티브. 이미지...
따그닥~
따그닥~
쾌활하고 율동적이며 건강한 삶을 목표로 생활하는 감성적 이미지를 말한다. 헤어스타일은 쇼트 또는 웨이브쇼트, 헤어컬러는 밝은 황금계통색, 밝은 보라계통색이 적당하다.
아름다움과 순수한 여성 본연의 모습 신비한 베일에 싸여있는 듯... 이국적 이미지다. 때론 민족성, 부족성 등을 강조하며 헤어스타일은 모자, 머리장식, 머리땋기 등.. 다양하다.
에조틱한.. 이미지란

하하...
꽃과 여인...
그 조화는
정말..
잘 어울리죠..
..근데..이게
뭔소리여...
~~훌라~~훌라 훌라
훌라~~~~~~~~~~
춤추는 탬버린
자기야!
왜 그러셔...
심심해?
훌~~라
훌~~라
모델 앉혀놓고..
사용하지 않으니
심심하지.....
않으면 이상치..
안 그러니?
털털아~~
하모~~
하모~
당근이지
멍..멍
낑
낑
그래..
그럼 조금만더
심심하라구..
자~~
이제는
연령대
이미지로
넘어가
볼까
합니다..
~와다~다~다

10대들은 동적인 느낌과 캐주얼 스포티 패션을 추구하므로
헤어스타일은 움직임 없는 깔끔한 스타일보다는 자유분방한 색과
디자인이 필요하다.
10대 이미지를 요약... 하자면..
10 대 문화
사랑해~
꺄옥~
오빠~
20대... 이미지는 이런 느낌 아닐까요..
10 대 문화
도시적 지성미를 갖춘 대학생층으로
현대생활 패션이 다양하게 접목된
이미지다... 특히 유행감각에 민감하여
헤어연출은 평행보브와 쇼트스타일
또는 롱헤어로 표현하며 굵은 웨이브를
좋아한다....
30대... 이미지를 말하자면....
30 대 문화
몸에..변화를 맞이하는 시기이므로..
체형에 자주 신경을 쓴다..헤어스타일은
롱스타일보다는 그라데션 보브스타일
혹은 쇼트 변형 스타일이 잘 어울리고..
색채는 브라운 계통으로 잔잔한 색상을
나타내는 게 좋다.
나... 있잖아~ 몸이.. 이상해.. 우웩~
거~참내..
술을 많이 마신건지.
좋은 소식이 있는 건지
감을 못잡겠네..
땅바닥에 파전을... 부치시나?

불혹의 나이
40대는...
어떨까요?
경제적 여유와 시간적 여유가 다른 세대보다
많으며 체형 변화가 지속적으로 변한다...
헤어는 그라데션쇼트나 그라데션보브가
적당하며 컬러는 짙은 브라운 계열을 좋아한다..
여봉~~
오늘 나 말이지
이뻐보이지?....
그치 응~~~
치아라~마
그 해골이
그 해골이지..
뭐이..
다르다꼬..
50대...
60대...
이미지
차분한 완숙미를 갖추고 정적이며 고전적
이미지를 지향한다..헤어스타일은 쇼트웨이브
에 강하고 약한 컬을 포인트로
컬러는 브라운 계열이 어울린다....
깽~깽...
나.. 쉬고
싶어요
다...끝났다..
자기야.
이제부터
모델할 시간
이야..
정말!!
으~르르릉~

우리가 모발을 염색하거나 탈색을 하는 이유에 들지 않는 것은 어떤걸까요? 다음 중에서 골라보세요..
① 자신감을 가지기 위해서...
② 장식적인 효과를 위해서
③ 나이를 먹지 않으려고...
④ 좀 더 젊게 보이려고..
⑤ 모발을 매력적으로 가꾸기 위해서..
3번.. 같은데..
네~에~ 정답.... 맞습니다..
짝~
염색은 젊게 혹은 자신감을 가지게 하는 일시적 효과이지... 나이하곤 아무 상관없죠..
하하
장난이.. 지나치면 바보로. 보인다..
자..여기를 보세요.. 우선 모발에 알맞는 염색약을.... 선택 후 (테스트 완료) 작업할 구획을 선정합니다.
1단계.. 2단계.. 3단계.. 4단계..
그리고 0.6cm로.. 슬라이스하여 꼼꼼히 시술하십시요..
0.6cm

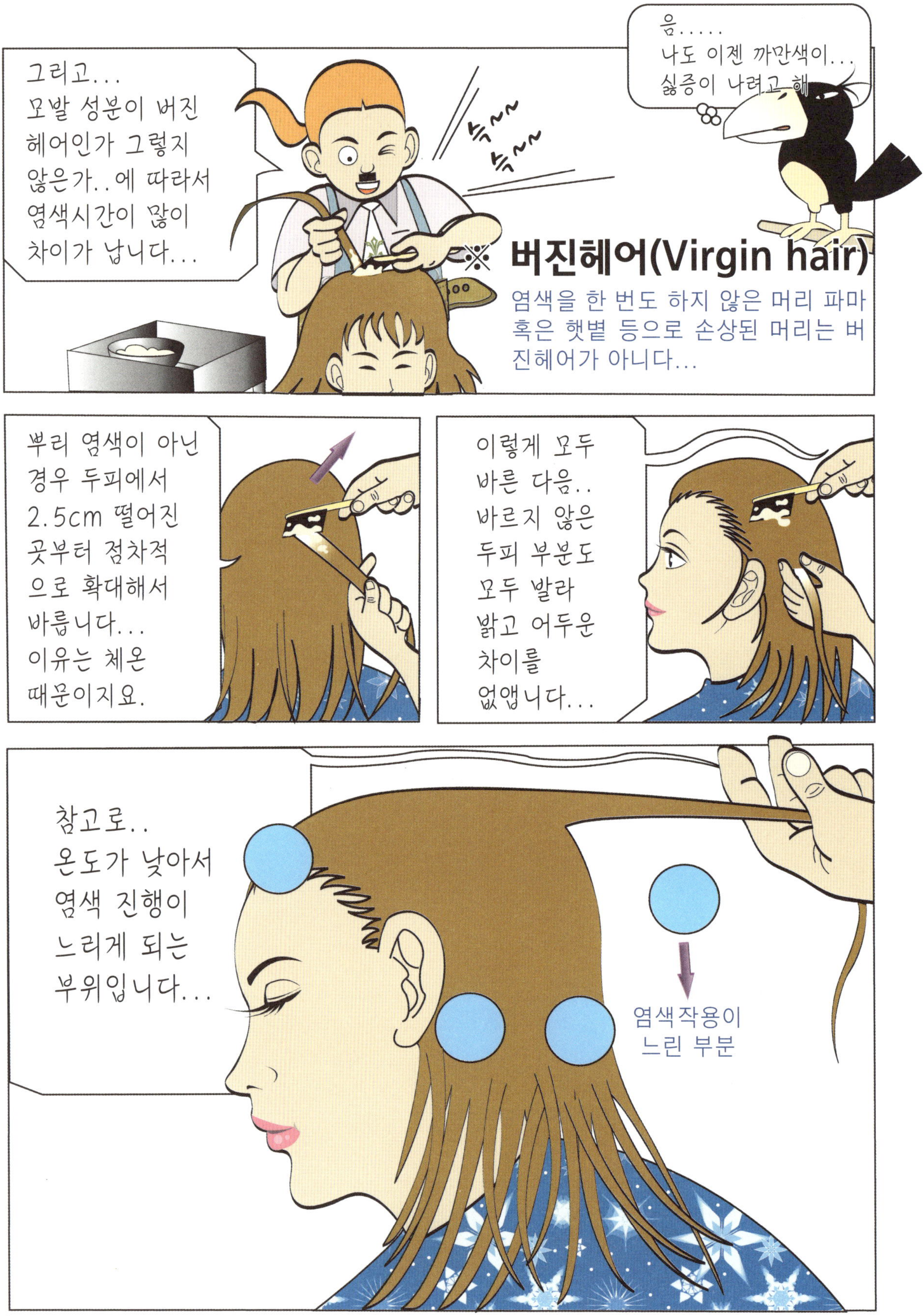
그리고...
모발 성분이 버진
헤어인가 그렇지
않은가..에 따라서
염색시간이 많이
차이가 납니다...
슥~~
슥~~
음.....
나도 이젠 까만색이...
싫증이 나려고 해
※ 버진헤어(Virgin hair)
염색을 한 번도 하지 않은 머리 파마
혹은 햇볕 등으로 손상된 머리는 버
진헤어가 아니다...
뿌리 염색이 아닌
경우 두피에서
2.5cm 떨어진
곳부터 점차적
으로 확대해서
바릅니다...
이유는 체온
때문이지요.
이렇게 모두
바른 다음..
바르지 않은
두피 부분도
모두 발라
밝고 어두운
차이를
없앱니다...
참고로..
온도가 낮아서
염색 진행이
느리게 되는
부위입니다...
염색작용이
느린 부분

염색이.. 빠르게 진행 되는.. 부분입니다.
온도가 높아서 빠르게 진행되는 부분..
깍~깍 나도... 하고싶다.
휘~~ 이~~
그리고 백모염색과.. 멋내기.. 염색 도포 과정을 알아 보면...
두피 부분에서 밖으로 도포 한다.
★ 백모염색 시에 도포 방향과 순서
모발 끝 부분에서 두피 방향으로 도포한다.
★ 멋내기 염색 시에 도포 방향과 순서

염색 방치 시간은 약간씩 차이가 있으므로.. 설명서를.. 참고 하시기 바랍니다..
♣ 산화 염모제인 경우 자연 방치
♣ 보통은 30~35분이지만 상황에 따라 다르다
♣ 백모 염색 시에 시간을 조금 더 갖는다.
설명서
손님 열처리 하셔야죠..
저는.. 자연방치 할래요..

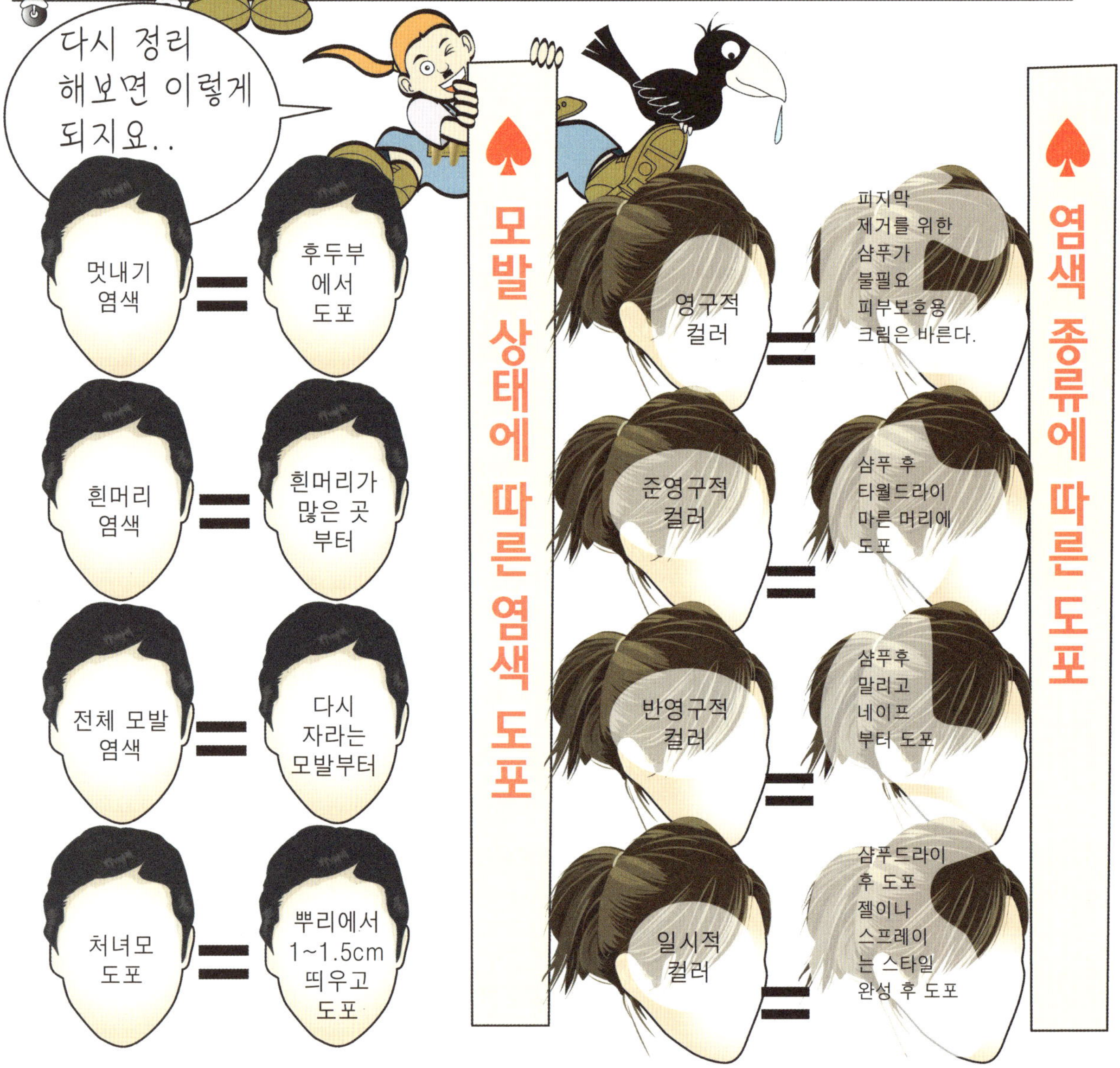
다시 정리 해보면 이렇게 되지요..
♠ 모발 상태에 따른 염색 도포
멋내기 염색 = 후두부에서 도포
흰머리 염색 = 흰머리가 많은 곳 부터
전체 모발 염색 = 다시 자라는 모발부터
처녀모 도포 = 뿌리에서 1~1.5cm 띄우고 도포
♠ 염색 종류에 따른 도포
영구적 컬러 = 피지막 제거를 위한 샴푸가 불필요 피부보호용 크림은 바른다.
준영구적 컬러 = 샴푸 후 타월드라이 마른 머리에 도포
반영구적 컬러 = 샴푸후 말리고 네이프 부터 도포
일시적 컬러 = 샴푸드라이 후 도포 젤이나 스프레이는 스타일 완성 후 도포

헤어컬러 디자인
이상으로.. 백모, 멋내기 염색을 마치고 컬러호일을 이용한 헤어컬러 디자인을 할까 합니다...
자기씨.. 다시 머리 감고 와야겠네...
아니..머린 왜?
그야... 다시 컬러호일.. 을.. 시술해야.. ....오.... ....잉....
샥~
빡빡머리 편리한 점 몰라!!!!
하하... 그렇지.....또.. 깜박했네..
사용하는 호일을 이용한 디자인에서 위빙기법 (weaving Technique) 과 슬라이싱 (slicing Technique) 기법을.... 해봅시다..
이렇게.. 호일을.. 적당하게.. 찢어서..
호호.. 오늘은 가발을 원없이 써보네...
알루미늄 호일

먼저 위빙기법
(weaving
Technique)
입니다...
워빙은 섹션을 나누어 꼬리빗으로
바느질하듯이 코를 꿰는 것을 말한다.
모발
그러면...
위빙을
사용해서
얻는 효과는
어떤 것이
있을까..
살펴..
보자면...
1 디자인에 따라 슬라이스 폭을 맘대로
뜨기 때문에 다양한 연출을 함
2 전체적으로 자연스레 하일라이트를
내고 싶을 때
3 커트 라인에 맞춰 모발의 라인 효과
를 강조하고 싶을 때
하지만..
컬러를 선택
할 때 색의 혼합
으로 오히려...
지저분할 수도
있으므로..
색의 톤(Tone)
을 잘 맞추어야
겠지요...
윽~~
이게...
모야~~

다음...
슬라이싱
(slicing
Technique)
기법입니다....
이 기법은
색의 조화
표면에
컬러블랜딩
효과 및 색의
강조를 표현
합니다..
슬라이싱은...
코를 꿰지 않고 적당한 모발을 얇게 떠서
그 섹션을 교대로 컬러를
적용하면 된다..
모발
호일
슬라이싱
기법을
사용하고자..
할 때는,
다음과
같은 때
입니다..
1 자연스런 것보다 강한 인상을 남기고 싶을 때...
2 컬러를 강조하고 싶을 때...
3 세로라인을 강조하고 강한 하이라이트
효과를 얻고 싶을 때....
엄마!!
난..왜?
가로무늬가 아니고
땡땡이 무늬야...?
....
그렇지만..
너무 두꺼우면..
색상이 너무 강해
거부 반응이
일어난다는거...
명심..
하십시오..
깍~~

헤어컬러.. 테크닉은 짧은 머리에서 다양한 기구로 더 재밌는 연출을 할 수가 있다는 겁니다...
에고~~ 무거워라~~
그중에서.. 손쉽게 할 수 있는 것 중에 콤온 테크닉 (Comb on Technique) 이 있고요.
콤 온 테크닉(Comb on Technique)은 여러 가지 빗으로 다양한 연출을 만들 수 있는 장점이 있다.
날 갖고.. 함... 해봐..
고슴도치
~슥
이것은.. 붓으로 하는 브러시 온 테크닉 (Brush on Technique) 이랍니다..
~사
~삭

이번엔... 칫솔을 이용한 칫솔테크닉. 일반인들이... 많이 사용하죠... 크...크....
치카~ 치카~
할머니! 내 칫솔이 왜이래 새까메..??
인석아~~ 그건.. 할미염색 할때... 쓰는거여
그리고 맨손으로 하는 기법... 좀..그렇지만 암튼..개성 있습니다...
손가락으로 하는 테크닉은 손가락으로 즉흥적으로 연출이 가능해 개성을 살릴 수 있다.
조물락~
조물 조물
지... 지금..자 장난...하냐..
캡(cab)을 씌우고 코 뜨기 한 이 방법은 정말 돋보이고 재밌는 아이디어.....지요.. 킥~~~킥~~
캡(cab)을 씌우고 코 뜨는 이 기법은 짧은 머리에 두피 손상을 줄이고 전체 탈색을 할 수 있는 장점이 있다.
허걱~ 짝퉁이다...

마지막으로 스폰지테크닉 (sponging Technique) 입니다...
아주... 자연스럽게..
쿵~~ 쿵~~ 쿵~~
웬.... 도장 찍는..... 소리가???
이밖에도.. 사용할 수 있는 도구는 무궁무진... 하다고.. 할 수 있죠... 하나.. 둘... 하나.. 둘...
페인터 롤러
???
뭐야! 톱으로... 뭘한다고.. 이 무식한 양반아!
당신... 좀.. 심하다..
아~~하하 농담 입니다... 농담..
지..... 진정하시고...
밀대로... 확~~~ 밀어줄까..

아하하...
죄송..죄송..
죄송합니다.
좀더 재밌게
진행하려다 보니..
그만....
말도 안 되는 짓을
그럼...
제가 사과하는
의미로...
이번엔 유익하고
흥미로운 코너를
소개하겠습니다..
제6장 샴푸 트리트먼트 and
두피관리와 모발이야기
이번 코너에
소개드리는
샴푸와....트리트먼트
그리고 두피관리
모발이야기로..
꾸몄습니다...
짠~

두피와
모발을
확대해서...
자세히..
살펴보면
이렇습니다.
얼레리
꼴레리..
누구 누구는...
머리가..
더럽대요...
확대한
모니터에
세균,스타
일링제품
불순물, 땀과
피지..먼지 등
이 쌓인 것을
볼 수 있다...
어이구...
머리가
가려워
미치겠네...
이러한 불순물들이 비듬과 탈
모, 각종 질병의 원인이 되는
것이다.
벅~
벅~
벅~
악~
헉~
이녀석아...
너는...
더 많아..
봐라 봐
캑~깩
노..놓지
못해..
그렇기 때문에
모발과 두피를 깨끗하게
관리해야 하는데 2~3일에
한번씩 샴푸를 하는 게 좋다.
샴푸는 물리적 화학적인
복합작용에 따라
모발과 두피를
건강하게 만든다.
얘~네머린 샴푸
먹는 귀신이냐...
산지 일주일도
안 됐는데..벌써
바닥이야....
샴푸
알았수..
알았수. 엄마
숏커트
머리로
자르면..
될거아뉴..
치...이..

샴푸하기 전에 우리가 꼭
알아야 할 사항이 있는데..
바로 모발클렌징입니다.
지성두피에 손상, 건성모발을 가진 경우 너무 한쪽으로 치우쳐 관리하면 만족스런 효과를 볼수가 없다.
모발클렌징
모발클렌징
샴푸
지성이냐...?
건성이냐...?
그것이 문제로소이다..
우후후... 나를 두고.. 고민... 하는군
박지성
지성 두피용 샴푸를 자주 사용하면 두피가 시원상쾌하지만...
모발의 영양 수분 등이 모두 빠져나가 모발이 푸석해진다.
퍼~시~~시
낄낄낄.. 재좀봐..
머리가.. 날아가려고 하네..후후후
임마! 저소리 안 들려 머리 어떻게 좀..해봐...
하하하... 깔깔깔
그렇다고 모발을 너무 부드럽게만 관리하면 두피의 과다 피지 분비로 인해 지성화된 두피가 모공을 막아 모발이 가늘어지고 심하면 탈모로 연결될 수가 있다.
저 남자 머리 엄청 부드럽지
좋아할 필요없어 내가 머리를 하다..이렇게 됐잖아...

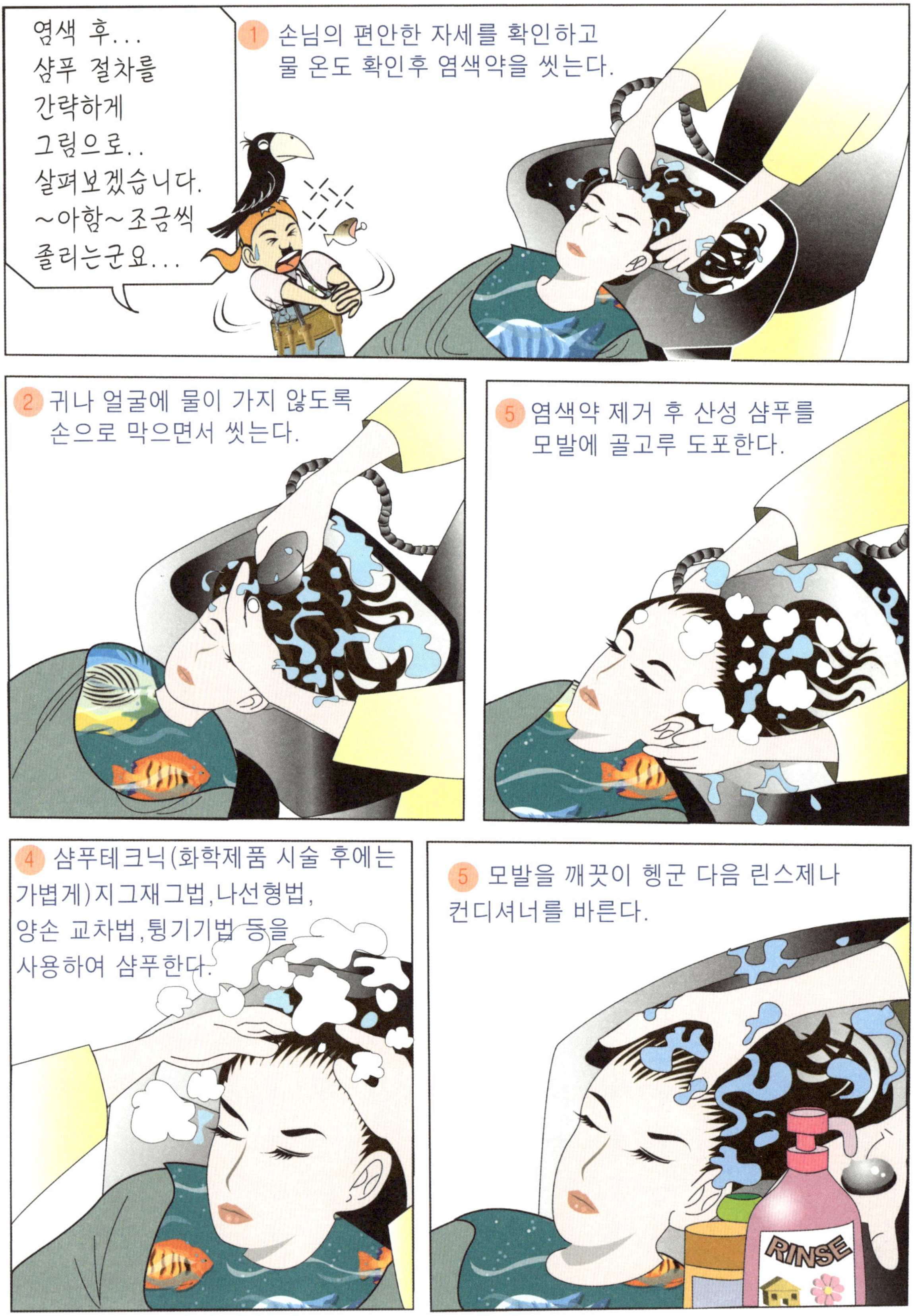
염색 후...
샴푸 절차를
간략하게
그림으로..
살펴보겠습니다.
~아함~조금씩
졸리는군요...
1 손님의 편안한 자세를 확인하고
물 온도 확인후 염색약을 씻는다.
2 귀나 얼굴에 물이 가지 않도록
손으로 막으면서 씻는다.
5 염색약 제거 후 산성 샴푸를
모발에 골고루 도포한다.
4 샴푸테크닉(화학제품 시술 후에는
가볍게)지그재그법,나선형법,
양손 교차법,튕기기법 등을
사용하여 샴푸한다.
5 모발을 깨끗이 헹군 다음 린스제나
컨디셔너를 바른다.
RINSE

6 린스제는 두피에 닿지 않도록 하고 물로 깨끗이 헹군다.
7 수건으로 모발과 두피의 수분을 닦으면서 얼굴,귀라인에 염색약이 남았는지 확인한다.
8 머리를 잡고 등이나 어깨를 받쳐주며 수고하셨다는 인사를 하고 자리로 안내한다.
아~ 시원하다...
수고.. 하셨습니다.
조금 전 4 번에서 나온 샴푸 테크닉을 다시 한번 설명드리자면 이렇지요....
경찰법(stroking) : 손바닥이나 손가락을 이용하여 가볍게 문지르는 방법
강찰법(friction) : 손바닥이나 손가락을 이용, 강하게 문지르는 방법
유연법(kneading) : 근육을 잡았다 놓는 것을 반복하여 근육을 풀어주는 방법

지그재그 법은 이렇고... 나선형 법은 요렇고..
지그재그법
나선형법은 돌리고. 돌리고... 호~호~
나선형법
이밖에 양손 교차법, 집어 튕기기법 등이 있습니다..
양손교차법
팅
깨갱
여러분~ 튕겨~ 보세요~
이... 가스나가 튕겨서 시집도 못간 주제에..
팅
팅
팅
아무리 샴푸와 트리트먼트를 잘해도 손상 모발을 방지하는 것은 보호 방법을 철저히.... 지켜야.. 한다는 사실으..또.. 졸립네..
★ 될 수 있는 한 자연 방치 상태에서 시술하고...
★ 자주 시술하는 것을 피하고....
★ pH가 11.0 이상인 탈색제는 사용을 억제하며...
★ 염색 시 pH가 8.9보다 낮은 염색제를 사용....
★ 지속적 모발 트리트먼트제 사용하여 영양을 공급한다.
★ 염,탈색 전용 샴푸와 린스를 사용하고 모발에 화학제품 잔여물이 남지 않게 한다.

따라서 모발은 피부와..다르게 생활세포가 아니므로 한번 손상된 모발은 회복되기가 쉽지 않습니다..그러므로 손상모건 건성모건 모발의 건조화를 방지하기 위해 수분과 유분을 공급해야 광택이나 유연성이 활발해집니다.
으...졸립다...
콜~~
모발
헉~헉~ 건조한건 싫어...
으~~ 조..오..타
수분. 유분. 영양탕
자기.. 지금... 조는거야?
멍~ 멍~
저것들이.. 감히... 멍멍탕을...
헉~
자기야~ 정신 차려!!!
아~~하..하. 그러니깐.. 결론은 적당한 트리트먼트가 좋다 이거죠... 하..하...하
횡설~~ 수설~~
모발
트리트먼트 하지 않은 모발
트리트먼트 한 모발

모발 건강과 탈모 예방에 필요한 식품들

① 검은콩 검은콩 중에서도 약콩(서목태 : 쥐눈이콩)은 한방에서 약재로도 사용한다. 검은콩의 약효는 껍질의 색소에 있다고도 하며 해독기능, 혈액순환 기능, 활성산소 억제기능, 신진대사기능, 수분과 지방 월할 배출기능, 모발의 성장기능 등이 있다. 특히 검은콩 속에서 시스테인(cysteine)이 탈모방지 효과를 입증하는 실험에서 밝혀졌다고도 한다.

② 검은깨 : 검은깨 효능은, 장기능 활성화, 두뇌계발 촉진, 모발 건강, 근육과 뼈 강화 등이다. 검은깨에 지길이라는 성분이 들어있는데, 이 성분이 혈관과 두피에 영양을 공급하고 희끗한 새치머리도 방지한다고 알려져 있다.

③ 동물의 간, 그리고 등푸른 생선 : 무기질이 풍부하며 단백질, 지방, 비타민 B, 철, 구리, 코발트, 망간, 인, 칼슘 등이 들어 있다. 특히 모발이 성장을 도우며 건조함을 방지한다.

④ 다시마와 미역 : 다시마와 미역은 섬유질의 알칼리도가 높은 식품이며 인체 면역성을 강화시켜 영양분을 흡수하고 발암물질 등을 밖으로 밀어내며 혈액순환을 촉진시켜 탈모를 예방한다.

⑤ 당근 : 몸 안에 비타민 A로 바뀌는 프로비타민이 많이 함유되어 있고 두피나 모발을 건조하게 한다.
토끼가 좋아하는 당근입니다...
엄마 나 당근 맞아?
아냐 사실 넌 빨간무란다..
⑥ 시금치 : β-카로틴.(황산화제)루테인 C, E 식이섬유 혈액 속 호모시스테인, 증가로 인한 동맥경화를 방지하는 엽산이 들어 있다.
올리브... 너..자꾸.. 내 음식에 손대면... 맞는다...
시금치 통조림
나도.. 뽀빠이처럼.. 될래...
시금치
⑦ 녹차 : 녹차 성분 중에는 탈모촉진, 유발 인자인 "5-알파 환원효소"를 저해하는 물질이 있고 찻잎에는 카테킨(Catechins)이라는 성분이 탈모를 예방하는 효능이 있다.
찻잎 목욕을 하면서... 녹차를 마시면 일석이조... 라고 할 수 있겠죠.. 하하하....
녹차 나뭇가지
쓱~
쓱~쓱
호호... 아빠 웃긴다..
녹차 나뭇가지로 문지르면 효과가 있을는지 모르겠네..

모발 건강에 해로운 식품들

① 단음식 : 정제 설탕이나 당분이 많이 함유된 식품, 특히 청량음료의 감미료는 두피, 모발, 건강, 유해하다. 또한 혈액순환을 악화시켜 모근에 영양공급을 방해하고 두피조직의 결합을 약화시켜 모발을 빠지게 한다.

② 동물성지방(포호지방) 또는 기름진 음식 : 직접적으로 호르몬 생성을 약화시켜 탈모를 부추기며 피지분비를 촉진하여 모공을 막아 균의 번식을 초래한다.

③ 술, 담배, 카페인, 인스턴트식품 : 이 식품들은 직접적인 원인은 아니지만 간접적 스트레스 영향이 크다. 담배의 경우 세포기능을 저하시키고 혈액순환 장애가 일어날 수 있다. 그리고 인스턴트식품은 성인병을 유발시키는 원인이 될 수 있다.

내가 좋아하는 간식거리 인데... 쩝...
④ 탄수화물 식품 : 감자, 옥수수, 흰쌀, 정제된 가루로 만든 빵에는 인슐린 분비를 자극하여 체내에 저장된 지방을 에너지로 전환시키는 글루카곤의 분비를 억제하여 혈중농도를 높여 탈모를 촉진시킬 수 있다.
몰라... 난 그저 책에 나오는데로 했을 뿐야..
우리가 모발 건강에 해롭다니 이해할 수 없다...
빵
옥수수
사탕수수
옥수수
감자
이상... 모발에 이론 식품 모발에 해로운 식품 들에 관해 잠시 알아 보았습니다...
지금부터는 머리지끈한 모발의 기술적...분석적.. 기능적.....어쩌고..하는 얘기보다는 야사로 흘러 다니는 재밌는 머리카락에 얽힌 이야기를 한토막 하겠습니다..
머리카락 이야기
지금 40~60대들은 어린 시절 골목에서 울려퍼지던 소리 중에서 굵직한 아저씨 목소리를 많이 들었을 것이다.
고장난~ 시계나~ 금가락지나~ 머리카락 삽니다~~

머리카락을 산다는 소리에 집집마다 숨겨놓은 것들을
한뭉치씩 꺼내어 들고 나왔다.....
떡봉엄마는 많기도 하네유....
에구참내~~~아주머니 것은 서캐(이의 알)가 허옇게 붙어있어요....씻어서 가지고 오세요...
곱슬머리도 받아준다 카드나?
곱슬은 머리카락이 아이가??
머리카락 이나 금반지 삽니데이~~~
머리카락 아저씨 왔네!!!
낄낄낄
이상테이.. 분명히 여기 넣어뒀는데...
형아야! 뭐가 그리 우습노?
엄마가 무얼 찾는지
알고 있던 나는
좌불안석이었다..
그래서
거참~~ 귀신곡할 노릇이네..
형아! 이 책 와 내한테주노???
그...책 니봐라 억수로 잼있데이....
살금
살금
하는 순간....
영식아!!
헉!!

와!!와그라는데..엄마?
키득~~
키득~~
니....혹시
이 속에 넣어둔
머리카락
몬봤나?
못..못봤데이..
진짜로
몬봤다 안카나..
떨리는 내 목소리로
위기를 벗어났다고 느끼는 순간....
형님아~~
그때 그걸로
고구마 구워먹었다
아이가??
........!!!
이기 무신
소리고?
고구마??
아~~아~
이~~
다~~

그리고 매타작이 이어졌고
내 목소리와 아저씨 목소리가
동네 구석 구석
울려퍼졌다.......
"아이고"
"엄마 내가
잘못했데이"
"한번만 용서
해도 엄마
엉~엉"
"고장난
시계나
머리카락
삽니다"
"그게 어떤건데
불에 태웠노
이놈아"
"금가락지나
머리카락
파세요."
"그걸 팔면
몇 끼니를
이을 수 있는데,
이놈아"...
사실 머리카락으로 굽긴 했지만
불꽃만 화르르 하고 고구마는 제대로
익지 않고 노린내가 났다...
형아
고구마
냄새나서
몬 묵겠데이
괘안타
냄새나면
어떻노
맛만 좋구만
누구나 대부분
한 번쯤은
겪었을
어린시절
배고팠던
이야기죠..
훌쩍~~
팽~~
하긴 외국소설
오헨리 작품 중
"크리스마스 선물"
속에서도 머리카락
사연이 담긴 얘기가
나오지요...
여보 당신
시곗줄이??
여보 당신
머리카락이??

오랜 옛날
인류는 머리카락에
분명 마력이 있었다고
믿었지요. 그 때문에
자신의 머리카락을
남이 훔쳐가지 못하도록
했으며........
머리카락 이야기
이곳은 쥐도
지렁이도
모르겠지...
나는
다 봤다!!
나도
다 봤다!!
심지어는 상대방의
머리카락을 구하여
주술을 행하는 수단
으로도 사용했답니다.
죽어라~~
수리수리~~
웅~~
유럽에서는 새가..
머리카락을 물고가서 둥지를
지으면 두통이 생긴다는
미신적 신앙이 있어 빠진
모발에 침을 세 번 뱉는
습관이 있다고
합니다.
몇 개 남지 않은
내머리카락 뽑아
가다니!!!
"야 이나쁜 참새"
퉤~
퉤~
퉤~
여러분은 지금
제 얼굴에
침 뱉기...
생방송을
보고 계십니다..
머리카락 이야기

그리고
머리카락을
태우는 것을
불길한 징후로
여겼다고
하지요..
치~지직
아버지
집에 붙은
불부터
꺼세요!!
이 녀석아!
네 머리
불이 더 급해!
머리카락 이야기
모발을 신(神)
에게 바치는
풍습이 그리스나
일본에 있었다고
전해지며.....
머리카락 이야기
제 신체의
일부인 머리
카락을 神께
바칩니다..
神
머리
카락
또한 병자의
머리카락을
나무 구멍에 넣고
빌면 나무의 생명과
교류하여 병을 낫게
해준다는 설도
있습니다..
제발........
머리카락은
많이 있으니
드시고 병을
낫게 해주십시요..
읍~~
읍~~
이게모야?
머리
카락

머리카락 보관함
오스트레일리아나 북아메리카 원주민들 사이에는 사망한 조상들 머리카락을 보관하는 풍습이 있다고 하네요..
1500년 전부터 모아온 우리 조상들의 머리카락 무덤입니다....
오~~우 "마이갓" 1500년 씩이나..
중세기에는 기사들이 전쟁터 나갈 때에 사랑하는 사람 머리카락을 투구 속에 감추고 나갔다 합니다.
아~잉 ♡♡♡ 람스오빠 내 머리카락을 왜 이리 많이 가져가는 거야..
아~야야~ 그건 내 머리칼이라구 기집애야~
종교적인 면에서 머리를 삭발하는 것은 곧 신(神)을 위한 맹세를 뜻하는 것으로.... 완전히 귀의함을 뜻합니다.
내........ 한 목숨 받쳐 불도할 것을 맹세합니다.
흠~~ 좋아 ♥ 좋아 ♥
충성
머리카락
머리카락 이야기

또한.........
정치, 경제, 관련하여 노동자들의 권익을 수호하기 위해 머리를 삭발하는 것은 우리 주위에서도 흔히 볼 수 있는 일이지요...
이대로 못살겠다 미용법 고쳐 제대로 살아 보자!!!!!
투쟁
흠~~ 머릴 깎으니 투쟁할 용기가 생기는데....
~윙~~
투쟁
미용법
흑~~흑~~ 회장님 우리 회장님..
내가 발견한 재미있는 사실 한 가지...
머리카락하고... 김밥은 닮은꼴이다.. 크크
이 아자씨가 시방 뭔..... 말도 안되는 소릴 씨부리는겨~~
기막혀 김밥
김밥 1500
라면 2000
국수 2500
멍~ 냄새 좋네.
(핵) 소시지, 계란말이 노란무 시금치 등
(껍질) 김
(중간층) 밥알
김 밥
한 번 비교를 잘 해보시면 그럴듯 하지요.
(핵) 모수질
(중간층) 모피질
(껍질) 모표피
머 리 카 락
~~헹~..
정말 기막히네...
쿵~~쿵

고대부터
머리카락은
힘의 상징으로
많이 등장한다는
사실....
으~~쌰
이게 뭐야!!
어떤 시키가
내가 자는 사이에
머리카락을
잘랐어!!
폐하! 드디어 삼손의
힘을 잘라내어
그를 폐인으로
만들었습니다.
이제 됐어 삼손에
머리카락을... 자르면
그는 끝이야.. 끝... 하하하
얼마 전에는... 머리를
공중에 매단채
결혼식을 올린
외국인 신혼부부가
있어 화젯거리가
되었지요...
~투 다다다~
인간 별종
출현이다!
~까악~
"이 순간부터
두 사람은 영원한
부부입니다."
~~알겠습니까?
옛썰
네에
신랑
신부
주례사
나~원
오래살다 보니
별~~별 꼴을
다 보는군...
에고~
밥먹고 살기가
힘들다.. 힘들어
우리들 머리카락
한올이 160g의
항장력을 가지고
있으며 탄력도
머리 길이의 2~30%
정도 늘어날 수
있다고 합니다.
머리카락 날리며
머리카락 나가신다
길을 비켜라.. 짠~~
대단~~하죠~
~우욱~~
~스스~
건강한
모발
퉁~ 퉁~ 퉁~ 퉁~

이렇듯...
강한 힘과 다양한
능력을 지닌 모발에게
우리 인간은 스스로
그 고마움을
생각하며 살아야
하지 않겠습니까?
휴~힘들다
헤어디자이너
노릇하기가
이렇게도
힘들어....
~싹뚝~~
~싹뚝~~
자기야!
뭐해??
~야 호~~
드뎌 끝났다...
깍~
깍~
깍~
자~~
어때? 우리 털털이
커트 디자인 멋지지..!!
.....

털털이가 바지런한
주인 때문에 고생이
많이....
아니군..
완존히 개털
됐네..꺼이
꺼이
걸레다
걸레...
호호~~고생이라니
이 정도면... 나도
괜찮은 실력인 걸
자~자~아쉽지만
그만하고
이제 인사...
드려야지...
얼레리~꼴레리~
개털 됐다네~~
참~~인사
드려야지...
....
끝까지 읽어주셔서
감사합니다..
안녕히 계십시오..
멍멍.........
깍......깍......
안녕히.....계...
허걱~~~~~
훌~~렁

보너스 페이지

♣ 얼굴 형태에 맞는 적합한 헤어스타일 찾기

둥근형

옆머리 길이와 앞머리 길이를 같게 해서 갸름하게 보이도록 양쪽 얼굴을 조금 가려 줍니다.
끝에 볼륨을 주면 더욱 효과적이랍니다.

※ 앞머리를 짧게 내린 뱅스타일은 얼굴을 더욱 둥글게 보입니다.

사각형

단발머리 길이를 턱선 위로 하여 각진 턱을 감싸는 스타일이 좋습니다.

※ 롱 헤어와 바깥으로 컬을 마는 스타일은 얼굴이 더욱 각지게 보입니다.

삼각형

밑부분보다 윗부분을 최대한 살려서 가벼운 웨이브를 넣어주시면 좋습니다.

※ 강한 웨이브는 좋지 않으며 긴 머리로 얼굴선을 가리면 답답해 보입니다.

역삼각형

시선을 머리 끝부분으로 유도하도록 볼륨을 많이 준다든지 예쁜 머리핀을 장식하면 깔끔한 이미지 효과를 줄 수 있습니다.

※ 머리를 길게 하거나 앞머리 부분을 밑으로 내리면 얼굴이 더욱 뾰족하게 보입니다.

달갈형

어떤 스타일도 무난하며 머리를 완전히 뒤로 빗어넘기면 강한 인상을 주고 이마가 들어나 나이가 있어 보일 때는 앞머리를 옆으로 길게 내리면 차분한 느낌을 줍니다. 레이어가 가미된 뱅 단발이나 바깥으로 뻗치는 샤기 컷도 좋습니다.

hair 장 부록

모발의 일반적인 관찰

외적인 관찰

외관, 색조, 광택, 매끄러움, 까칠까칠함, 부드러움, 탄력성, 빗질, 지성, 건성 등을 관찰

모발의 형태 관찰

잘린모(단모), 갈라진 모, 찢어진 모, 모발 표면의 상태, 정상모, 손상모 또는 이상모인지 여부를 현미경을 이용하여 관찰

모발의 손상도를 측정하는 물리화학적 방법

감상적인 진단

· 문진법 : 고객과 대화를 통해서 묻고 답하는 방법
· 시진법 : 외관상 눈으로 보고 판단하는 방법
· 촉진법 : 손가락으로 만져서 느끼는 방법 등이 있다.
· 감상적인 진단 방법 : 주관적이기 때문에 더욱 정확하고 객관적인 방법이 필요한 경우에는 각종 기기를 사용

절단강도(切斷强度)와 신도(伸度)의 측정

모발 강도·신도계라는 기계에 클립으로 모발을 고정시키고 클립을 좌우로 움직여 모발을 잡아당긴다. 모발이 견딜 수 있는 이상의 힘이 작용하면 모발이 끊어지고 기계는 멈추게 된다. 이때 기계의 표시판에 강도(g)와 신도(%)의 수치가 표시되는데, 굵은 모발에 비해 가는 모발이나 손상 모발일 경우 낮은 수치가 나오게 된다.

하중(荷重) 신장(伸長) 곡선을 이용하는 방법

모발 강도 : 신도계라는 기계를 이용하여 신장도를 측정할 경우 주의할 점은 처음 힘을 가하면 강도의 수치는 올라가는데, 신도의 수치는 올라가지 않고 있다가 어느 정도 이상의 힘이 가해지면 그때서야 눈금이 올라가는 것을 알 수가 있다. 모발의 종류에 따라서 약한 힘에서는 신도의 변화를 정확하게 감지할 수 없는 경우가 있기 때문에 가해지는 무게에 따라 늘어나는 정도를 곡선으로 표시하여 관찰할 필요가 있다.

물에 의한 제3차 팽윤도의 측정

절단 강도나 신도 등을 측정하는 경우 한 가닥의 모발로는 정확한 값을 얻지 못하므로 몇 가닥을 가지고 실험한 다음 평균값을 얻어야 한다. 팽윤도 측정에 있어서도 마찬가지다. 보통의 모발은 그 중량의 25~30%의 수분을 흡수하여 포화 상태가 되는데, 만약 모발이 손상되었을 경우에는 이 포화량이 증가한다. 일정한 온도와 습도를 유지하고 모발을 일정 시간 수분에 침전시킨 다음 원심분리시켜 수분을 제거하고 모발 내부에 흡수된 수분의 중량을 측정함으로써 손상도를 확인할 수 있다.

알칼리 용해도의 측정

건강한 모발을 0.4% 수산화나트륨 용액에 약 30분 동안 담가 놓은 다음 따뜻한 물로 씻어 버리고 무게를 측정하면 처음 무게의 약 3% 정도 용해되어 중량이 감소된다. 만약 손상 모발일 경우 알칼리에 대한 저항력이 없어져서 용해되는 정도가 증가하고 중량도 감소한 결과를 나타낼 것이다.

아미노산 분석에 의한 측정

모발을 가수분해하여 아미노산 조성의 변화를 분석하면 손상모일 경우 특히 시스틴의 함유량이 감소하고 시스테인 산이 증가하게 된다.

색소 및 금속염의 흡착량 측정

색소 및 금속염 수용액에 모발을 담구면 흡착량은 정상모보다 손상모가 크다.

이유는 펌 등으로 모발이 손상을 받으면 그 손상부에서 모발의 성분인 단백질의 일부가 녹아 나오기 때문이다. 그 때문에 색소와 금속염이 손상부에 물들기 쉽게 되고 정상모에는 볼 수 없는 큰 흡착량을 나타내게 된다.

모발 손상의 분류

모발 손상 원인에 따른 분류

모발 손상 원인	종 류
생리적	영양 결핍, 다이어트, 편식, 스트레스, 호르몬 관련 질환 등
일상적	샴푸, 브러싱, 타월 드라이, 블로우 드라이, 전기 아이롱, 잘못된 컷트 등
화학적	염색, 탈색, 퍼머, 스타일링제 사용 등
환경적	자외선, 수질 및 대기오염, 바닷물, 수영장 물, 건조한 기후 등

모발 손상 정도에 따른 분류

모발 손상 원인	종 류
형태적 손상 (모발 외부의 손상)	모표피의 박리 · 소실, 모표면의 주름, 열모, 지모, 단모, 기타 모발의 외관상 비정상적인 상태 등으로 인하여 광택이나 촉감의 악화 등
질적 손상 (모발 내부의 손상)	모피질 및 수질 층을 이루고 있는 성분의 일부가 물리적 · 화학적 변화로 인하여 악화 또는 유실되는 손상으로 천연보습인자(N.M.F) 간층물질의 유실에 의한 다공성모, 수분 손실로 인한 건조성모, 케라틴 구조의 약화로 탄력성 저하 등

모발 손상에 의한 변화의 종류

형태적 변화	물리적 변화	화학적 변화
모표피 문리의 변화 단모, 열모, 지모, 결절성열모증 기타 외관상의 변화	인장강도의 저하 팽윤율(함수율)의 증가 성장, 탄력의 변화 색소 흡착력의 변화 이온 교환력의 변화 유연도의 변화	아미노산 조성의 변화 (시스틴 함유량 저하) 이상 아미노산의 생성 (시스테인 산 등) 케라틴의 분해 용출

염 · 탈색제

알레르기 반응 유발

· 염모제의 성분이 피부 단백질과 결합해 항원이 되어 체내에서 항체를 만들기 때문
· 사람의 체질에 따라 알레르기 반응 유발
· 염색을 한 다음 12~24시간 후에 두피에 발적, 가려움 등의 접촉성 피부염의 병상
· 심한 경우 탈모를 동반
· 예방법인 패치테스트를 선행

패치테스트

· 실시 방법은 혼합액을 만들어 이것을 팔 안쪽 접히는 부분이나 귀의 뒤쪽 등에 동전 크기로 발라서 자연 건조한 채 48시간 방치해 상태를 체크
· 발적, 수포 등의 상태가 발생하면 염묘제의 사용은 절대 불가
· 알레르기 체질 때문에 산화염모제를 사용할 수 없는 사람은 비산화염모제나 반영구 염모제 등을 선택하여 사용

염모제 사용 시 주의사항

· 염모제에서 제시하는 처리 시간 준수
· 염색 후 모발에 얼룩이 생겨 재염색하면 그만큼 손상이 강해짐
· 탈색 후 곧바로 염색하지 말 것
· 펌 후 곧바로 염색하지 말 것

모발의 두께

머리카락을 전체적으로 보았을 때의 두께의 차는 식별하기 어렵지만, 여러 명의 머리카락을 잘라서 하얀 종이 위에 놓고 보면 육안으로도 그 차이를 볼 수 있다. 거기다 측정기(마이크로게이지나 접안 마이크로메터)로 측정하면 숫자적으로 알 수 있다.

보통 동양인의 모발 두께는 0.05~0.15mm 정도의 범위 내에 있지만, 얇은 것은 0.06~0.07mm, 보통은 0.08~0.09mm, 두꺼운 것으로는 0.1~0.12mm 정도이다. 초모(初毛)는 0.04~0.05mm 정도이다.

모발의 성장 속도

머리카락의 성장 속도에 대해서는 다음과 같다.

① 1년 중에는 5~6월이 가장 성장이 빠르다.
② 연령적으로는 14~24세 정도로, 여성이 남성보다 빠르고, 60세 이상이 되면 급속하게 떨어진다.
③ 매일 0.3~0.4mm, 3일에 약 1mm, 1개월에 약 1cm, 1년에 약 12cm ±10% 정도이다.

모발의 개수, 즉 발생 밀도는 개인차가 심하다. 머리카락의 수는 유아기에 정해져서 생후 수가 늘어나는 일은 없다. 머리카락의 발생 밀도는 $1cm^2$에서 120~240개 정도이고, 보통 150~160개 정도이다. 머리카락이 생기는 면적은 650~$750cm^2$, 보통의 사람은 약 $700cm^2$로 알려진다. $1cm^2$에 150개가 있다고 하면 10만 5,000개가 된다. 머리카락의 수가 10만 개라는 것은 이 이유에서이다.

모발의 기본 색조

모발의 기본 색조는 모간 세포가 되는 모구 세포 내의 멜라닌 소체의 분포에 의한다. 모구의 멜라닌 세포는 멜라닌 소체를 합성하고 표면 표피의 멜라닌 세포가 멜라닌 소체를 각질 형성세포에 전가하는 것과 같은 양식으로 모구 기질세포에 옮긴다. 즉, 모발의 색은 모근 부위의 멜라노 사이트라는 색소세포에서 만들어지는 색소에 의해서 결절되어 지는데, 유전적으로 유멜라닌(eumelanin)라 페오멜라닌(pheomelanin) 색소가 존재한다. 유멜라닌은 흑색에서 갈색으로 존재하여 주로 동양인에게 있고 페오멜라닌은 노랑색과 적색으로 존재하여 주로 서양인에게 있기 때문에 모발의 색이 틀린 이유가 바로 여기에 있다.

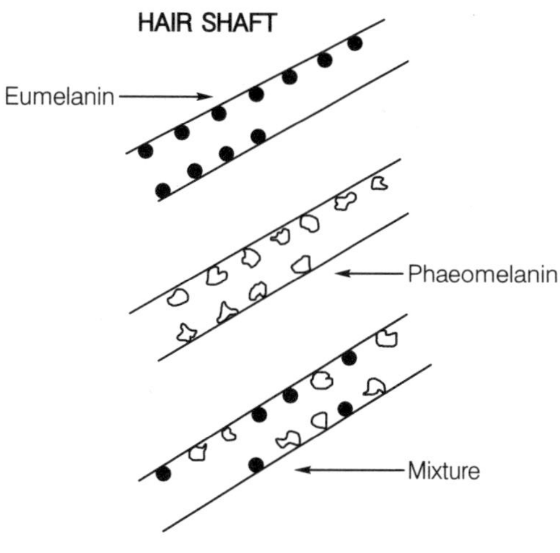

모발 내에 존재하는 멜라닌 색소

흑인 모발에서는 큰 멜라닌 소체가 발견되고 백색인종 모발에서는 작은 멜라닌 소체가 피막 복합체 속에 집결되어 있는 것을 본다.

적모(red hair)는 구형(舊形) 멜라닌 소체가 특징이다.

색소의 강도는 멜라닌 세포에 의해 형성된 완전히 멜라닌 화한 멜라닌 소체의 수를 반영하는 것이다. Lerner는 백발의 발명기전을 백반증과 연관지었다.

그러므로 모발의 성분 중 80~90%가 keratin으로 구성되어 있고 나머지가 수분 10~15%, 지질 1~8%, 색소 1~3%, 미량원소 0.6~1% 등으로 구성되어져 있다.

모발의 성분

케라틴을 만들고 있는 아미노산의 종류와 함유량

아미노산 명	함유량%	아미노산 명	함유량%
글리신	9.5	티로신	3.1
알라닌	4.0	아스파라긴 산	8.0
발린	4.7	글루타민 산	14.8
로이신	9.1	아르기닌	9.6
이소로이신	2.2	리신	2.6
페닐알라닌	2.7	히스티딘	0.9
프롤린	3.7	트립토판	0.7
세린	7.6	시스틴	16.0
트레오닌	7.2	메치오닌	1.0

모발의 구조와 성분

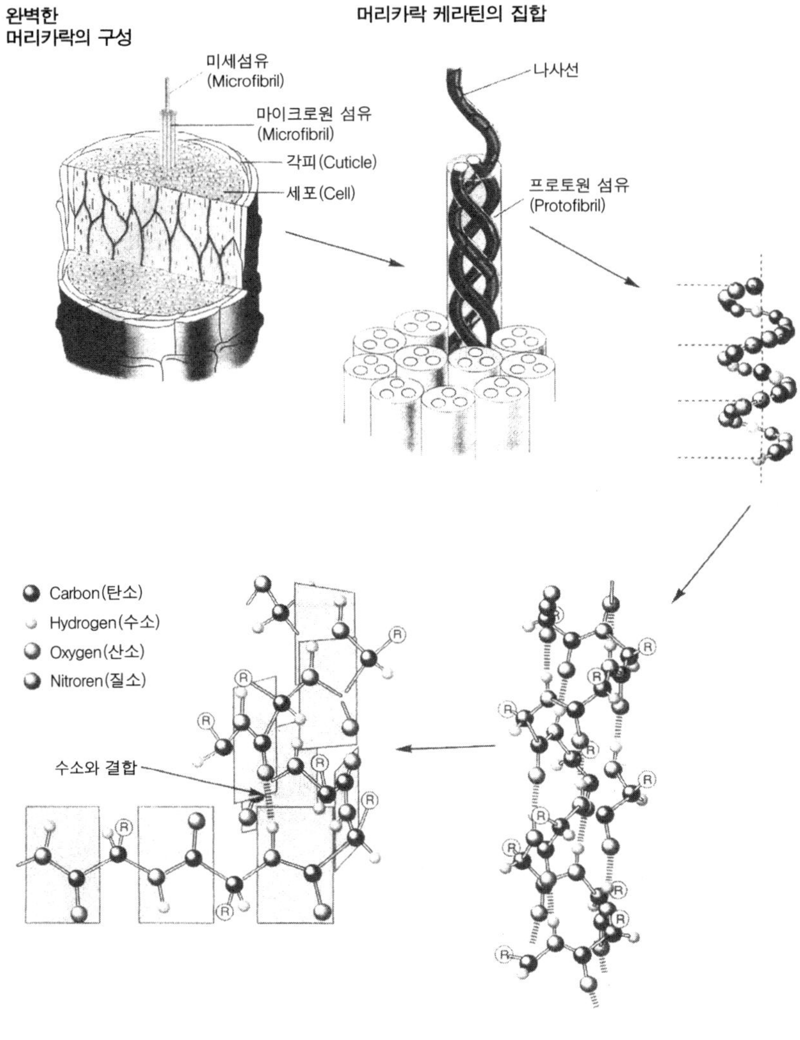

기본적인 헤어 기기

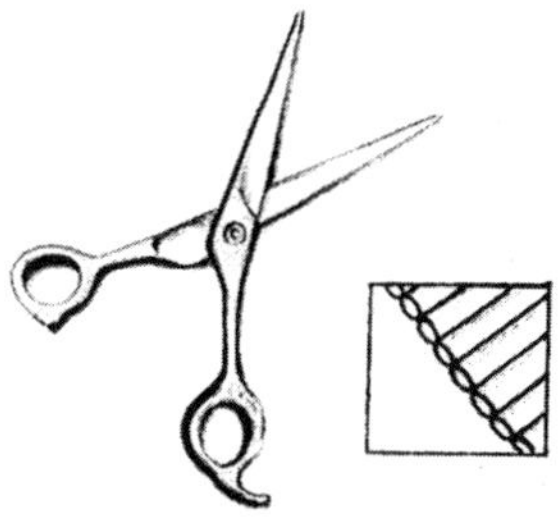

가위(scissors)

가위는 대체로 모발 끝은 깨끗하고 뭉툭한 모서리를 만들어 정된된 느낌을 주는데 사용되는 도구이다. 가위의 위치를 다양하게 변화하여 모발 한올 한올 다르게 할 수 있다.

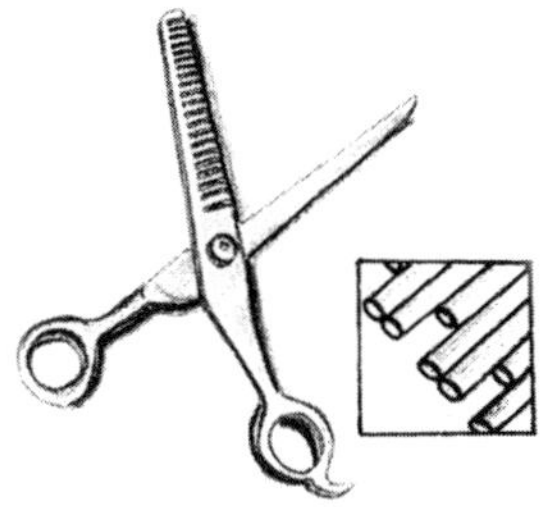

틴닝가위(thinning scissors = shear)

틴닝가위는 규칙적으로 길고 짧은 교차를 만들어내어 모발 양을 조절하기 편리하다. 가윗날 사이의 간격이 넓은 것과 좁은 것이 있는 간격이 적을수록 적은 양의 모발을 제거한다.

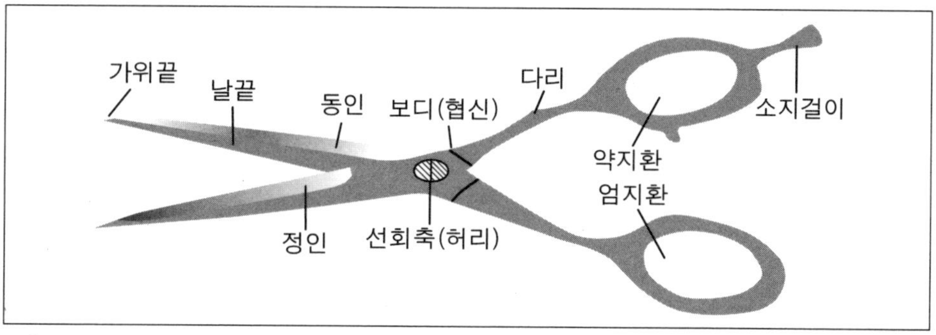

가위의 각부 명칭

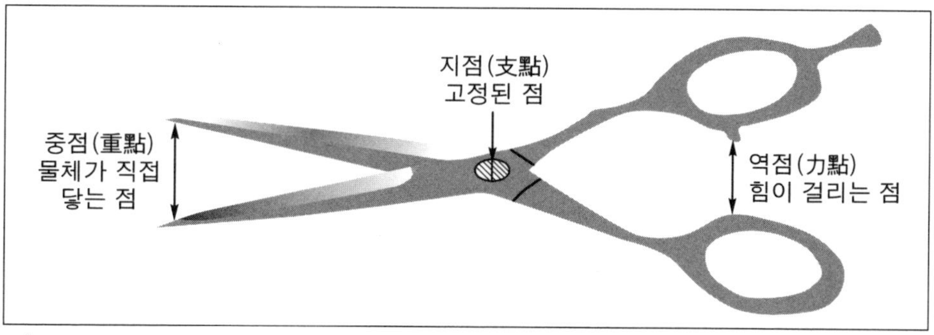

가위의 작용 원리

가위 쥐는 법

① 가위의 아래 링(약지 환)은 약지손가락 중간 마디에 사선으로 끼우고 오른쪽 검지 손가락 첫 번째 마디에 끼운다.

② 가위의 움직임 동작은 엄지손가락을 엄지 환에 살짝 걸치면서 엄지손가락만을 움직이면서 가위를 개폐시킨다. 이때 날 끝은 45도 방향이 되도록 비스듬히 쥐고 나머지 약지와 세 손가락은 움직이지 않고 엄지 날의 힘을 바쳐주는 역할을 한다.

③ 커트를 하지 않을 때에는 가위의 날을 닫은 뒤 엄지 환에서 엄지를 빼고 가볍게 주먹을 쥐는 동작으로 가위를 쥔다.

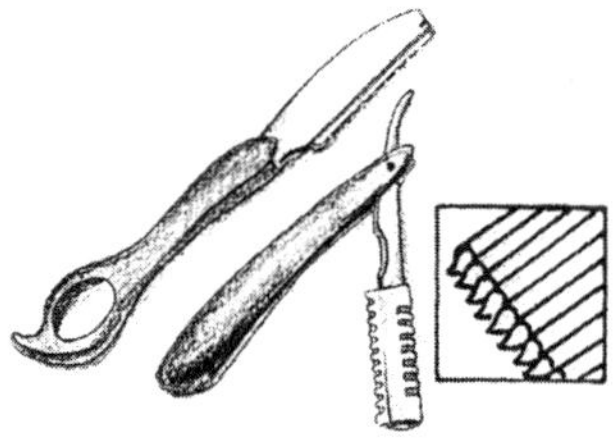

레저(razor)

레저는 각 모발의 끝을 가늘게 하여 부드러운 형태 선을 만든다. 커팅 기법에 따라서 모발의 표면이나 아래쪽에서 시술될 수 있다. 레저의 종류는 일상용 레져와 셰이핑 레저가 있다.

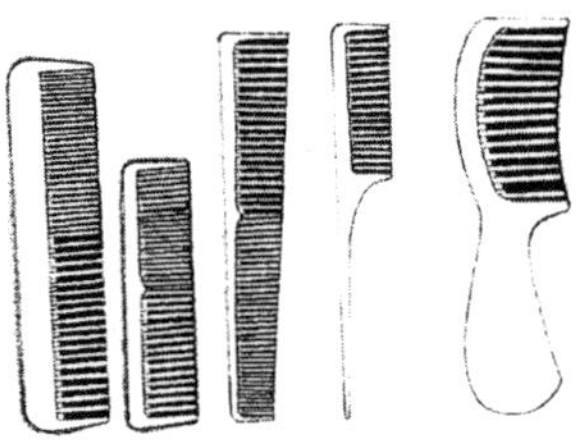

빗(comb)

빗은 커트하는 동안에 머리를 분배하고 조절하기 위해 사용되고 빗살 간격은 어떠한 빗을 사용할 것인지를 결정하는데 매우 중요하다. 일반적으로 넓고 큰 빗은 많은 양의 머리를 조절하는데 사용되며, 작은 빗은 짧은 머리의 커트에 사용된다.

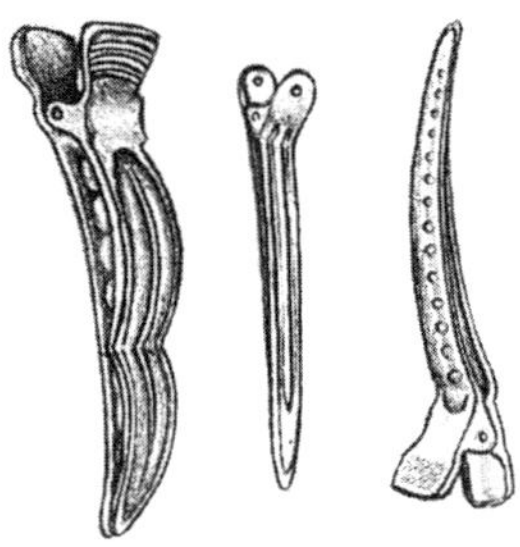

클립(clip)

커트하는 동안 모발을 고정하는데 사용되는 도구이다. 또한 많은 양의 모발을 나누어 고정시킴으로써 자르고자 하는 부분의 모발과 남겨진 모발을 정확히 구분할 수 있다.

두부 7라인

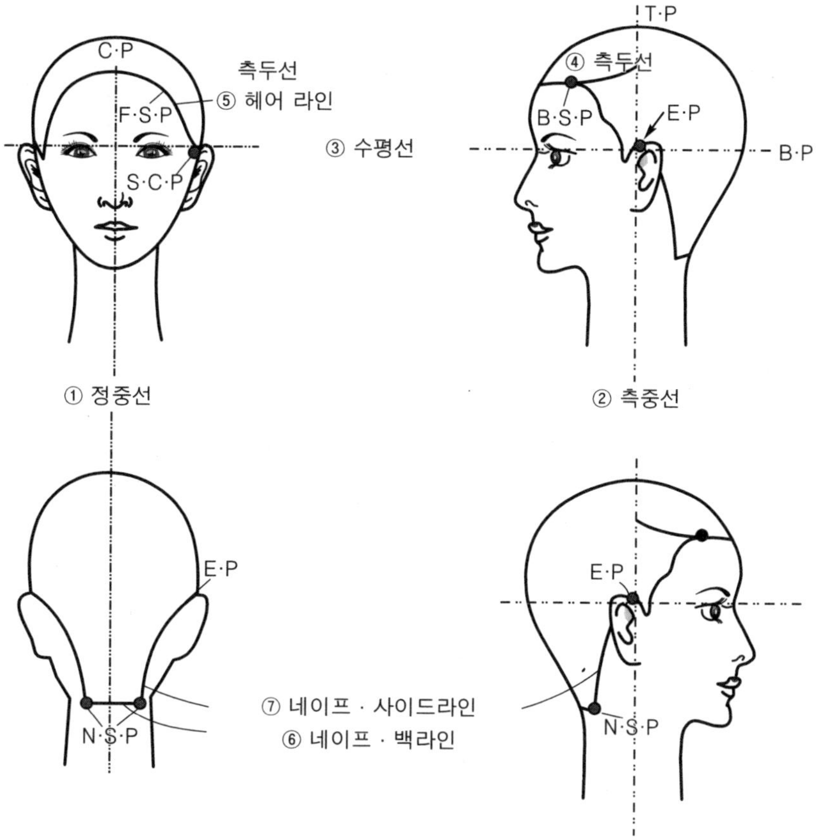

① 정중선(C.P~N.P) : 코의 중심을 통한 머리 전체를 수직으로 가른 선
② 측중선(E.P~E.P) : 귀 뒷부리를 수직으로 두른 선
③ 수평선(E.P~E.P) : E.P의 높이를 수평으로 두른 선
④ 측두선(F.S.P) : 대체로 눈끝을 수직으로 세운 머리 앞쪽에서 측중선까지
⑤ 헤어 라인(S.C.P~S.C.P) : 모발과 얼굴의 경계선
⑥ 목뒷선(N.S.P~N.S.P) : N.S.P에서 N.S.P를 연결한 선
⑦ 목옆선(E.P~N.S.P) : E.P에서 N.S.P를 연결한 선

두부 3등분 명칭

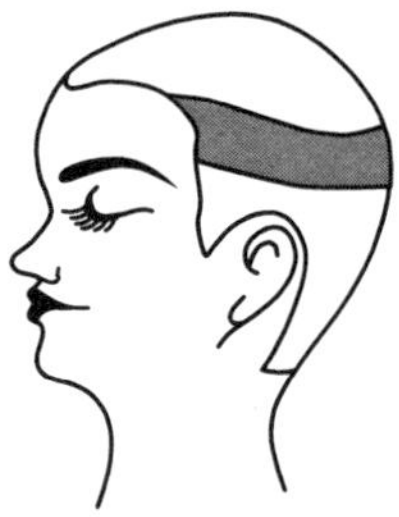

크레스트(Crest)

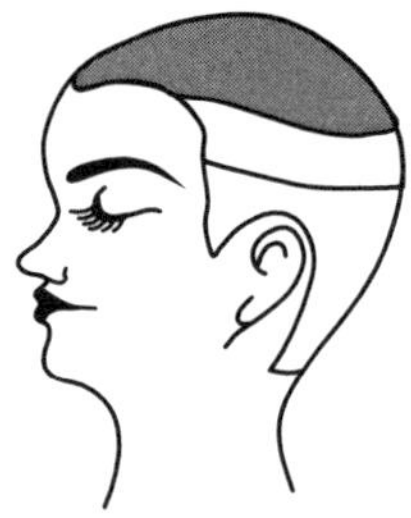

인테리어(Interior)

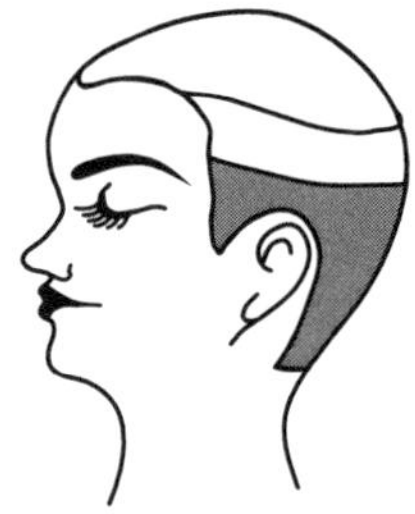

엑스테리어(Exterior)

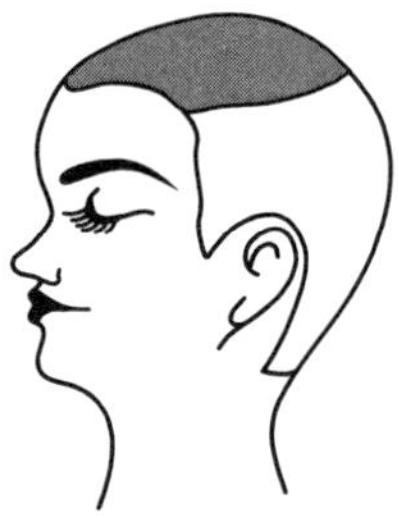

X 레벨(X-Level)

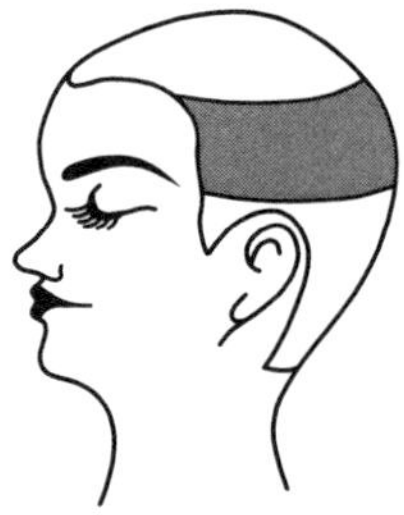

Y 레벨(Y-Level)

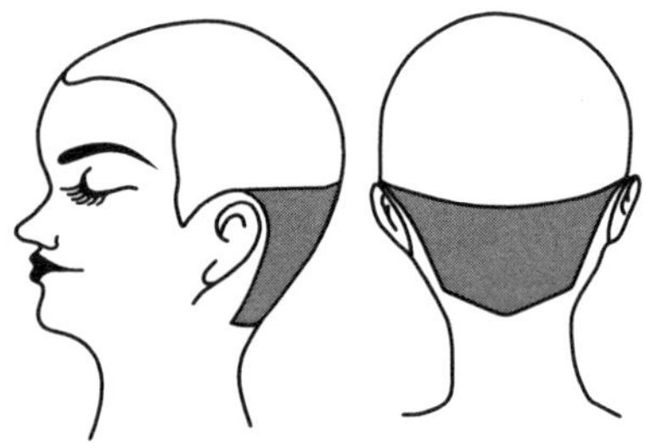

Z 레벨(Z-Level)

헤어 파트

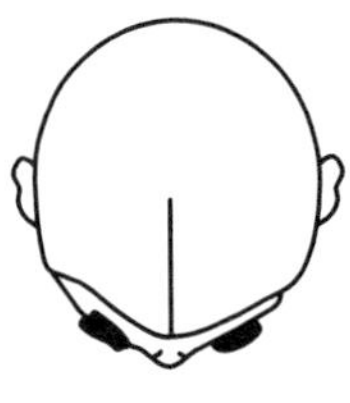

센터(Center)

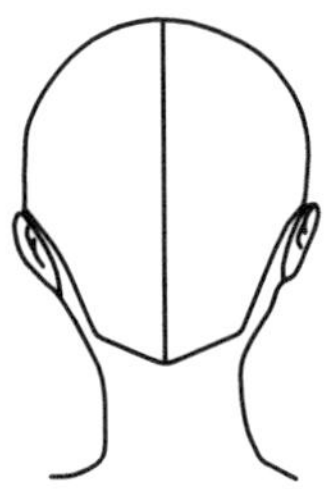

백 센터(Back Center)

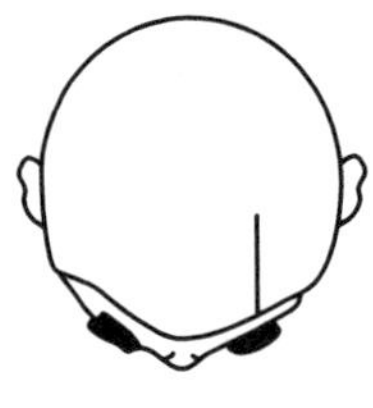

사이드(Side)

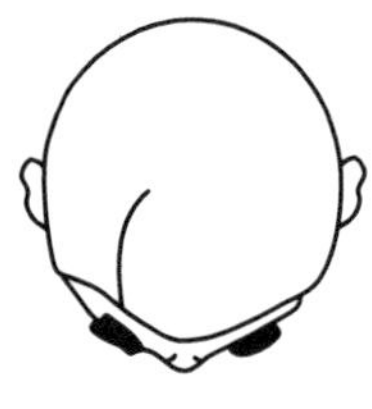

사이드 라운드(Side round)

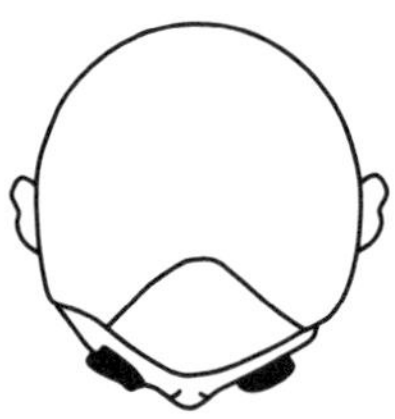

브이(V)

카우릭(Cowlick)

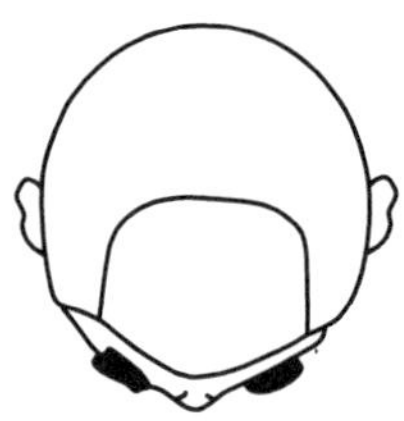

스퀘어(Square)

지그재그(Zigzag)

헤어 파트

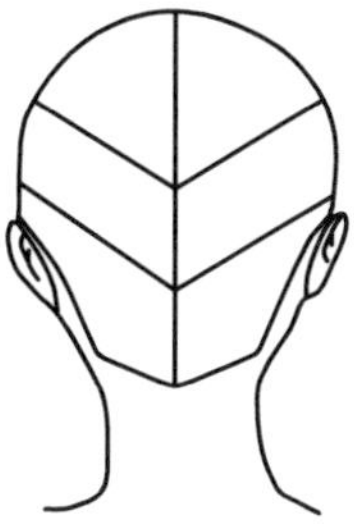

후대각(Diagonal Back)

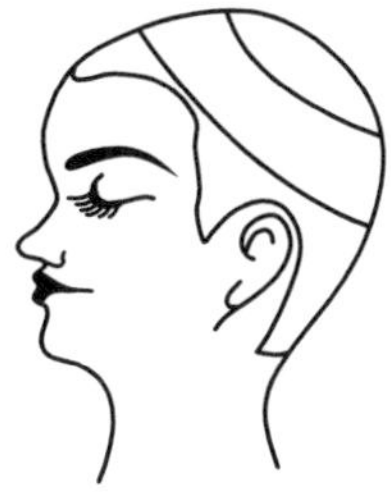

컨벡스(Convex)

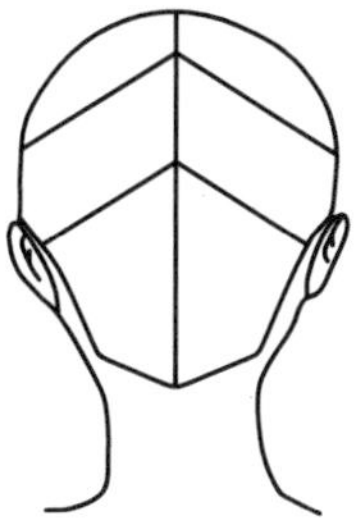

전대각(Diagonal Forward)

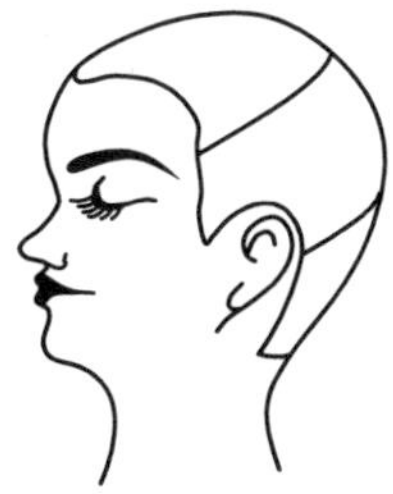

컨케이브(Concave)

두부 5등분 명칭

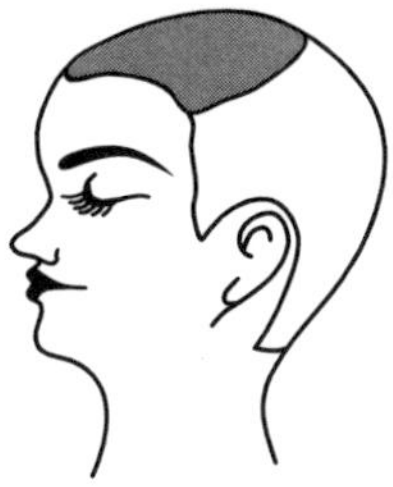

프론트(Front)
(전두부)

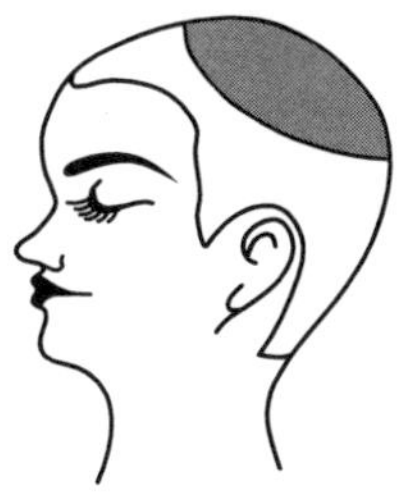

크라운(Crown)
(두정부)

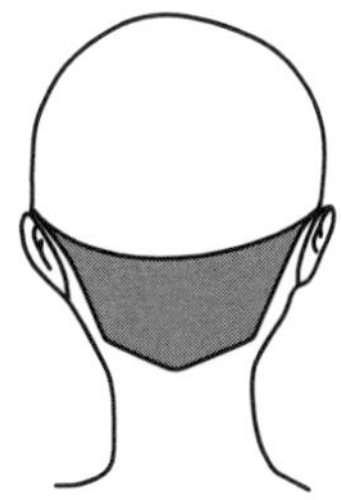

네이프(Nape)
(후두부)

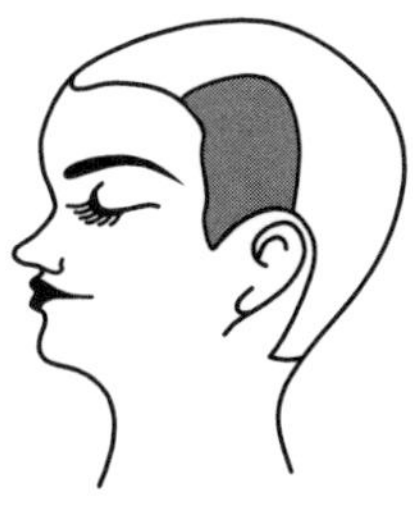

사이드(Side)
(측두부)

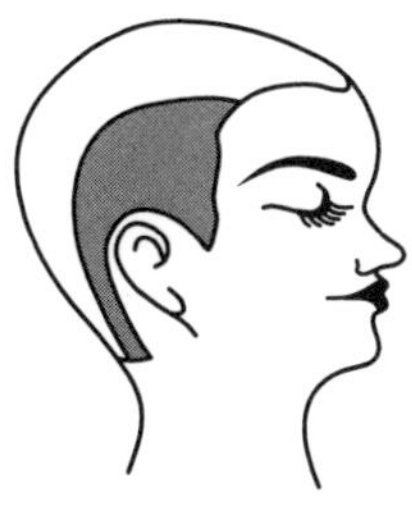

커브섹션(Curve Section)
(곡 선)

블로킹(Blocking)

- 커트 시 사용되는 기본적인 큰 블록
- 섹션(Section), 파트(Part)라고도 한다.

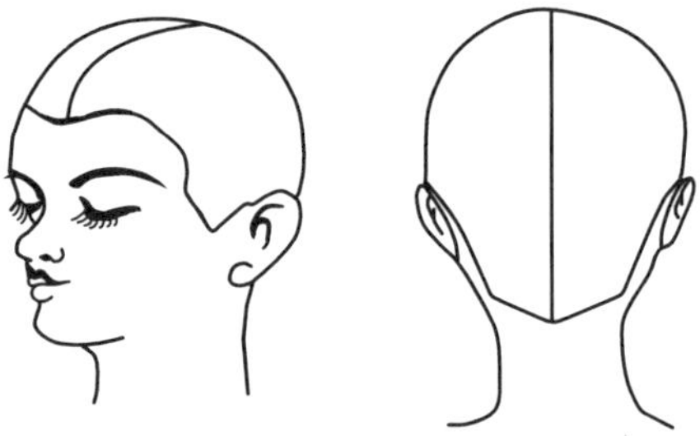

센터 파트(Center part)

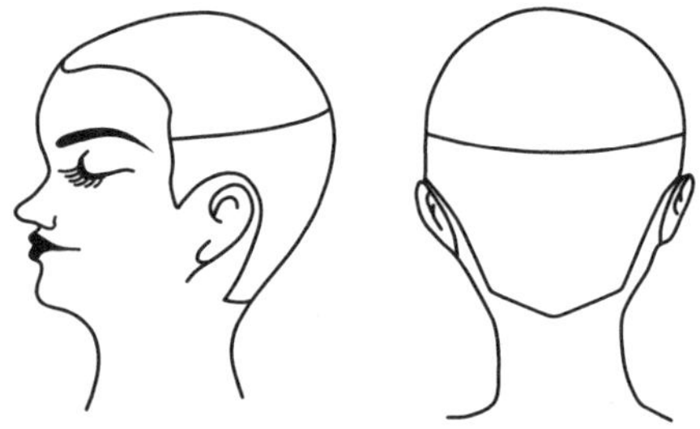

크레스트 라인(Crest line)

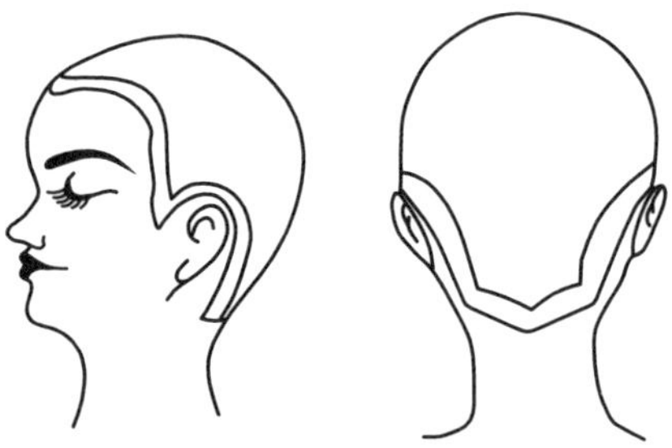

헤어 라인 파트(Hair line part)

지그재그 2등분(Zig zag part)

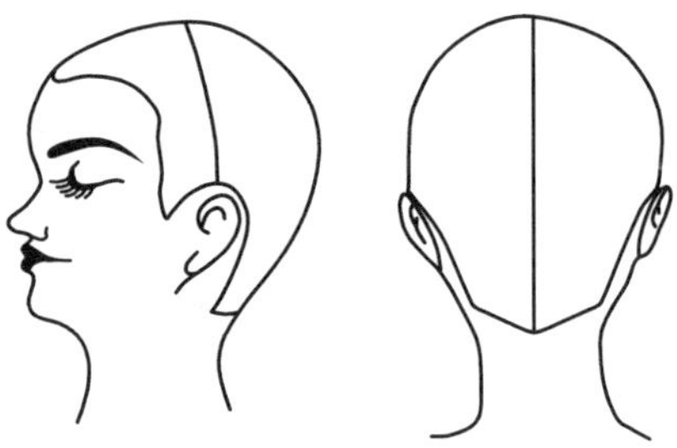

4등분

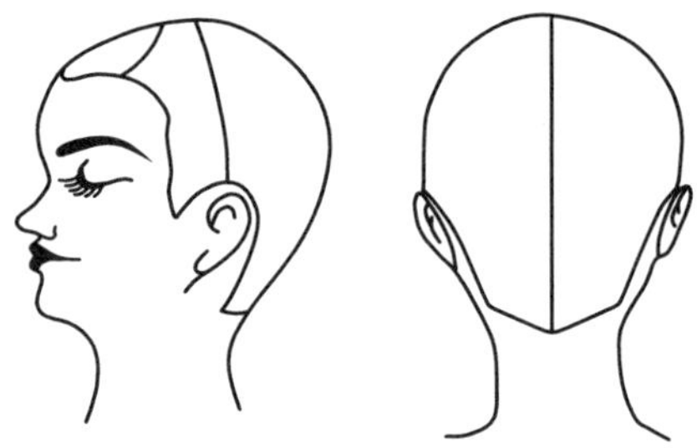

5등분

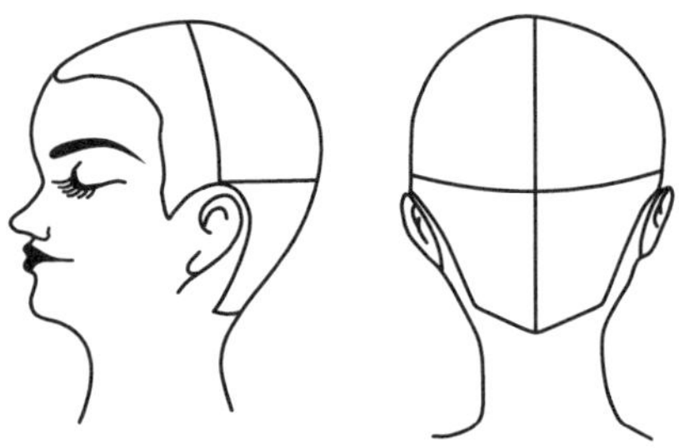

6등분

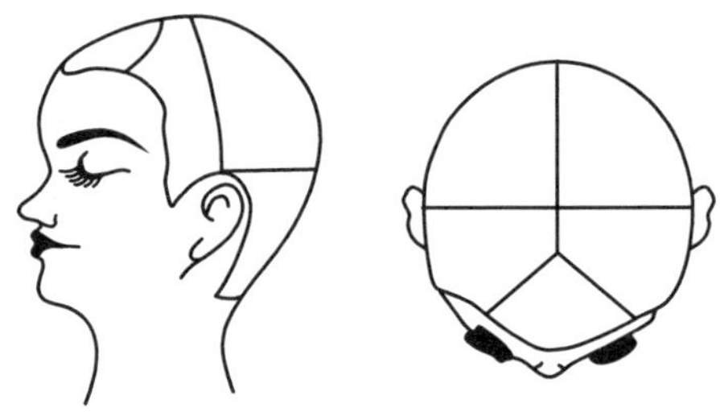

7등분

헤어 용어

Hair Cutting

· 세이프(Shape) : 빗질하다, 형태
· 가이드라인(Guide Line) : 기준선, 안내선
· 앵글(Angle) : 각도
· 스트랜드(Strant) : 머리숱
· 스템(Stem) : 모발의 줄기
· 뱅(Bang) : 앞머리
· 블로킹(Blocking) : 구분, 나눔
· 섹션(Section) : 블로킹을 다시 작게 나눔
· 슬라이스(Slice) : 섹션을 다시 얇게 뜨다.
· 텐션(Tension) : 긴장력, 신장력
· 브런트 커트(blunt cut) : 직선커트(가위로 단번에 자르는 커트)
· 스트록 커트(strock cut) : 가위를 흔들면서 개폐하여 머릿단을 자르는 기법
· 체크 커트(check cut) : 일단 자른 머리를 다시 커트해서 정발하는 것
· 웨트 커트(wet cut) : 머리카락을 젖은 상태로 커트하는 것
· 드라이 커트(dry cut) : 머리카락을 마른 상태로 커트하는 것
· 신닝(thinning) : 머리 길이를 바꾸지 않고 전체 머리 양을 적게 하는 것
· 테이퍼링 커트(Tapering Cut) : 끝을 가늘게 무게를 감소시킴
· 틴닝(Thinning) 커트 : 숱을 감소시킴
· 슬리더링(Slithering) 커트 : 가위로 두발을 부드럽게 숱은 감소시키다.
· 트리밍(Trimming) 커트 : 정돈, 정리 커트
· 싱글링(Shingling) 커트 : 빗을 대고 가위로 커트
· 테이퍼링(tapering) : 머리끝을 점차적으로 가늘게 숱을 쳐내는 것
· 클립핑(clipping) : 튀어나온 머리카락을 정발하여 자르는 것
· 롱 스트록(long strock) : 머리끝을 가늘게 함에 있어 완만하게 머리 양을 많이 쳐내는 것
· 쇼트 스트록(short strock) : 머리끝을 가늘게 함에 있어 급하게 머리 양을 적게 쳐내는 것
· 콘케이브(concave) : 움푹 들어감
· 콘벡스(convex) : 불룩 튀어나옴
· 슬리더링(slithering) : 가위를 사용해서 머리칼을 신닝하는 것 가위로 머릿단을 끼워 잡고 머릿단에 평행으로 움직이며 미끄러뜨린다.
· 트리밍(trimming) : 형이 완성되어 있는 라인을 가볍게 쓰다듬듯이 하면서 수정, 정발하는 것
· 크로스 체킹(cross checking) : 십자형으로 교차시켜 가면서 체크 커트하는 것

· **보브**(bob) : 단발머리형
· **원랭스**(one length) : 동일선상에서 같은 길이로 잘려지고 그 절단면에 단차가 없는 것
· **스파니엘**(spaniel) : 앞이 내려간 보브형
· **이사도라**(isadora) : 앞이 올라간 보브형
· **머슈롬**(mushroom) : 버섯모양, 관자놀이에서부터 아래에 만든 보브형
· **그래듀에이션**(graduation) : 윗머리를 길게, 아랫머리를 짧게 하여 머리 길이를 서서히 변화를 갖게 하는 커트, 절단면에 단차가 생긴다.
· **레이어**(layer) : 윗머리를 짧게 아랫머리를 길게 해서 머리길이에 서서히 변화를 갖게 하는 커트. 절단면에 단차가 생긴다.

Hair Setting

· **헤어 셰이핑**(hair shaping) : 세트에 있어서 셰이핑이란 핑거웨이브나 컬을 만들 때 머리 흐름을 정비하고 머리 흐름의 방향을 정하는 것
· **헤어 세팅**(hair setting) : 머리카락을 특정의 위치, 상태에 놓는다는 것
· **세트 로션**(set lontion) : 머리형을 만드는 데 효과적으로 하기 위해서 쓰는 점성의 액상
· **핑거 웨이브**(pinger wave) : 손으로 웨이브를 만드는 것
· **오리지널 세트**(original set) : 스타일리의 기초가 되는 세트
· **리세트**(reset) : 오리지널 세트에 행한 컬 등을 최초로 선정한 헤어스타일로 꾸미기 위해 다시 한번 세트하는 것
· **헤어 파팅**(hair parting) : 머리카락을 나눔
· **센터 파트**(center part) : 정중선(중앙)에서 가름
· **사이드 파트**(side part) : 한쪽으로 치우쳐서 사이드에서 가름
· **스퀘어 파트**(square part) : 머릿단을 정방향으로 갈라 잡음
· **브이 · 파트**(“V” part) : V자형으로 갈라 잡음
· **이어 투 이어 파트**(ear to ear part) : 귀에서 귀를 잇는 가르마
· **업 셰이프**(up shape) : 위쪽으로 형을 만든다.
· **다운 셰이프**(down shape) : 아래쪽으로 형을 만든다.
· **포워드 셰이프**(forward shape) : 전방으로 형을 만든다.
· **리버스 셰이프**(reverse shape) : 후방으로 형을 만든다.
· **헤어 웨이빙**(hair waving) : 웨이브를 만드는 것
· **비기닝**(beginning) : 웨이브의 시작
· **엔딩**(ending) : 웨이브의 끝
· **릿지**(ridge) : 융기선, 파트의 끝단
· **크레스트**(crest) : 컬의 융기 부분
· **오픈 애드**(oepn end) : 개구
· **크로스 엔드**(closed end) : 폐구

hair 장

2009년 3월 12일 1판 1쇄 인 쇄
2009년 3월 15일 1판 1쇄 발 행

글 · 그림 : 장 철 환
감 수 : 강갑연 · 김혜경 · 이연호

펴 낸 이 : 박 정 태

펴 낸 곳 : **광 문 각**

413-756
경기도 파주시 교하읍 문발리 파주출판정보단지
500-8번지 광문각빌딩 4층
등 록 : 1991. 5. 31 제12-484호
전화(代) : 031) 955-8787
팩 스 : 031) 955-3730
E-mail : kwangmk@unitel.co.kr
홈페이지 : www.kwangmoonkag.co.kr

ISBN: 978-89-7093-521-8 93590
정가 : 12,000원